RESEARCH ON THE THEORY AND PRACTICE OF
ECOLOGICAL CIVILIZATION CONSTRUCTION

生态文明建设
理论与实践研究
（2024年）

生态环境部环境与经济政策研究中心◎著

中国环境出版集团·北京

图书在版编目（CIP）数据

生态文明建设理论与实践研究. 2024 年 / 生态环境
部环境与经济政策研究中心著. -- 北京：中国环境出版
集团，2025. 6. -- ISBN 978-7-5111-6198-7

Ⅰ. X321.2

中国国家版本馆 CIP 数据核字第 202510RP52 号

责任编辑　张　佳
封面设计　庄　琦

出版发行　中国环境出版集团
　　　　　　（100062　北京市东城区广渠门内大街 16 号）
　　　　　　网　　址：http://www.cesp.com.cn
　　　　　　电子邮箱：bjg1@cesp.com.cn
　　　　　　联系电话：010-67112765（编辑管理部）
　　　　　　　　　　　010-67112736（第六分社）
　　　　　　发行热线：010-67125803，010-67113405（传真）
印　　刷　北京建宏印刷有限公司
经　　销　各地新华书店
版　　次　2025 年 6 月第 1 版
印　　次　2025 年 6 月第 1 次印刷
开　　本　787×1092　1/16
印　　张　17.5
字　　数　220 千字
定　　价　98.00 元

中国环境出版集团郑重承诺：
中国环境出版集团合作的印刷单位、材料单位均具有中国环境标志产品认证。

目　录

理论篇 |

聚焦建设美丽中国进一步全面深化改革 / 03

深化改革驱动全面绿色转型 / 10

生物多样性保护中的多元文化和多边主义 / 16

加快建设人与自然和谐共生的现代化 / 21

正确处理高质量发展和高水平保护的关系 / 26

正确处理重点攻坚和协同治理的关系 / 34

正确处理自然恢复和人工修复的关系 / 42

正确处理外部约束和内生动力的关系 / 50

正确处理"双碳"承诺和自主行动的关系 / 57

发展绿色生产力的价值意蕴和世界意义 / 65

新质生产力本身就是绿色生产力的理论内涵与实践向度 / 80

维护人民环境健康权益　增进人民生态环境福祉 / 83

关于加快经济社会发展全面绿色转型的思考 / 88

深刻认识全面推进美丽中国建设的重大意义 / 97

实践篇 ｜

加强生态环境分区管控推动经济社会全面绿色转型 / 105

协同转型，提升经济社会发展的含金量和含绿量 / 111

让绿水青山持续发挥多重效益 / 115

强化美丽中国建设法治保障 / 120

绿色金融服务美丽中国建设的几个着力方向 / 123

凝聚全民力量　共建美丽中国 / 129

减污降碳协同增效是实现美丽中国建设目标的有效路径 / 133

全面、统筹、协同推进碳足迹管理体系建设 / 140

着力推动减污降碳协同创新 / 144

"构建从山顶到海洋的保护治理大格局"的理论与实践思考 / 146

保护海洋生态环境　实现人海和谐共生 / 160

目录

"青山绿水是无价之宝"的三明实践 / 167

习近平生态文明思想的厦门生动实践 / 174

深入学习贯彻习近平生态文明思想　奋力打造"共抓大保护、不搞大开发"的重庆样板重庆实践 / 185

传播篇

"2024 年深入学习贯彻习近平生态文明思想研讨会"综述 / 201

习近平生态文明思想内蒙古论坛综述 / 207

中国式现代化建设的重大原则：绿水青山就是金山银山 / 213

加快建立健全生物多样性多元化投融资机制 / 219

向世界讲好中国履行国际环境公约故事 / 226

弘扬"共建地球生命共同体"理念——向世界讲好中国跨国界生物保护区故事 / 231

绘就人海和谐共生画卷——解读《中国的海洋生态环境保护》白皮书 / 237

以习近平生态文明思想为指引　建设人与自然和谐共生的美丽中国 / 241

深学细悟笃行习近平生态文明思想　为人与自然和谐共生的美丽中国贡献青春力量 / 250

加快推动我国生态环境志愿服务高质量发展 / 258

持续推进荒漠化综合防治　为共建清洁美丽世界提供"中国方案" / 264

理论篇

理论篇

聚焦建设美丽中国 进一步全面深化改革 *

建设美丽中国是全面建设社会主义现代化国家的重要目标,是实现中华民族伟大复兴中国梦的重要内容。党的二十届三中全会审议通过的《中共中央关于进一步全面深化改革　推进中国式现代化的决定》将聚焦建设美丽中国、促进人与自然和谐共生作为进一步全面深化改革总目标的重要方面,并对深化生态文明体制改革作出系统部署。当前,我国经济社会发展已进入加快绿色化、低碳化的高质量发展阶段,生态文明建设仍处于压力叠加、负重前行的关键期,必须聚焦建设美丽中国进一步全面深化改革,加快推进人与自然和谐共生的现代化。

完善和发展中国特色社会主义制度、推进国家治理体系和治理能力现代化的必然要求

习近平总书记指出,我们全面深化改革,是要使中国特色社会主义制

---

* 原文刊登于《人民日报》2024 年 10 月 18 日第 9 版,作者:习近平生态文明思想研究中心。

度更好；我们说坚定制度自信，不是要故步自封，而是要不断革除体制机制弊端，让我们的制度成熟而持久。中国特色社会主义制度不是一经建立就成熟定型、尽善尽美的，其完善是一个动态过程，需要通过进一步全面深化改革固根基、扬优势、补短板、强弱项。聚焦建设美丽中国进一步全面深化改革，构建系统完整的生态文明制度体系，是完善和发展中国特色社会主义制度、推进国家治理体系和治理能力现代化的重要内容和必然要求。

党的十八大以来，以习近平同志为核心的党中央统筹加强生态文明顶层设计和制度体系建设，以制度建设为主线大力推进生态文明体制改革。生态文明载入党章和宪法，制定、修订环境保护法及 30 余部生态环境法律法规，中共中央、国务院印发实施《中共中央　国务院关于加快推进生态文明建设的意见》《生态文明体制改革总体方案》，几十项具体改革方案相继实施，形成源头严防、过程严管、损害赔偿、后果严惩的生态文明制度框架，中国特色社会主义生态环境保护法律体系和生态文明"四梁八柱"性质的制度体系基本形成，生态文明领域国家治理体系和治理能力现代化水平明显提升。这些制度建设保障新时代生态文明建设取得举世瞩目的巨大成就，推动美丽中国建设不断迈出坚实步伐。

生态环境是人类生存和发展的根基，生态环境变化直接影响文明兴衰演替。我们要建设的人与自然和谐共生的现代化是一个伟大创新，没有现成的经验、模式可以借鉴，必须在改革中前进、在创新中发展。当前，生态文明领域国家治理体系和治理能力与全面推进美丽中国建设目标要求相比还有不相适应的地方。例如，分区域、差异化、精准管控的生态环境管理制度还未深入实施，自然资源资产产权制度和管理制度体系还需健全等。聚焦建设美丽中国进一步全面深化改革，必须完善生态文明基础体制，健全生态环境治理体系，健全绿色低碳发展机制，以美丽中国建设新实践、新创造、新成就推动进一步全面深化改革行稳致远。

贯彻新发展理念、更好适应我国社会主要矛盾变化，以高水平保护支撑高质量发展的必然要求

进入新时代，我国社会主要矛盾发生历史性变化，对解放和发展生产力提出了新要求。解决新时代我国社会主要矛盾必须以新发展理念为引领，推动高质量发展，以高品质生态环境支撑高质量发展，推动经济社会发展全面绿色转型。聚焦建设美丽中国进一步全面深化改革，是深刻把握我国社会主要矛盾变化、抓主要矛盾和矛盾的主要方面、以高水平保护支撑高质量发展的必然要求。

党的十八大以来，以习近平同志为核心的党中央深刻把握我国社会主要矛盾变化，完整、准确、全面贯彻新发展理念，推动高质量发展不断取得新成效。我国在实现世所罕见的经济快速发展和社会长期稳定两大奇迹的同时，创造了举世瞩目的生态奇迹和绿色发展奇迹，生态环境对高质量发展的支撑作用越来越明显。实践证明，协同推进高质量发展和高水平保护，必须在全面深化改革中冲破不合时宜的观念、做法和体制束缚，推动生产关系和生产力、上层建筑和经济基础、国家治理和社会发展更好地相适应。当前，我国生态环境保护结构性、根源性、趋势性压力尚未根本缓解，经济社会发展绿色转型内生动力不足，与绿色生产力相适应的生产关系尚未全面建立。聚焦建设美丽中国进一步全面深化改革，必须加快完善落实绿水青山就是金山银山理念的体制机制，健全绿色低碳发展机制，实施支持绿色低碳发展的财税、金融、投资、价格政策和标准体系，健全生态产品价值实现机制，为中国式现代化提供强劲绿色动力。

坚持以人民为中心，不断增强人民群众生态环境获得感、幸福感、安全感的必然要求

人民性是马克思主义最鲜明的品格。人民是改革的主体，抓改革、促发展，归根到底就是为了让人民过上更好的日子。良好生态环境是最公平的公共产品，是最普惠的民生福祉，聚焦建设美丽中国进一步全面深化改革，是更好地满足人民群众日益增长的优美生态环境需要，不断增强人民群众生态环境获得感、幸福感、安全感的必然要求。

习近平总书记指出："生态文明建设最能给老百姓带来获得感，环境改善了，老百姓体会也最深。"党的十八大以来，以习近平同志为核心的党中央全面加强生态文明建设，系统谋划生态文明体制改革，美丽中国建设迈出重大步伐。进入新时代，生态环境在人民群众生活幸福指数中的权重不断提高。新时代生态文明建设的成就举世瞩目，人民群众的感受最直接、最真切，充分彰显了改革的人民性。

改革既不可能一蹴而就，也不可能一劳永逸。目前，生态环境质量稳中向好的基础还不牢固，污染物和碳排放总量仍居高位，部分区域生态系统退化趋势尚未根本扭转，美丽中国建设任务依然艰巨。聚焦建设美丽中国进一步全面深化改革，必须坚持问题导向，完善精准治污、科学治污、依法治污制度机制，健全山水林田湖草沙一体化保护和系统治理机制，着力推动生态环境持续改善、全面改善和根本好转，让美丽中国建设成果更多、更公平、惠及全体人民。

应对生态环境风险挑战、推动党和国家事业行稳致远的必然要求

坚持底线思维，着力防范化解重大风险，是我们党取得革命、建设、改革成功的一条宝贵经验。生态环境安全是国家安全的重要组成部分，是经济社会持续健康发展的重要保障。聚焦建设美丽中国进一步全面深化改革，是应对生态环境重大风险挑战、推动党和国家事业行稳致远的必然要求。

党的十八大以来，我国把提高生态环境风险防范和应对能力作为生态文明体制改革的重要内容，将生态环境风险纳入常态化管理，系统构建全过程、多层级生态环境风险防范体系，持续提升环境应急能力，生态环境风险得到有效控制；健全国家生态安全体系，完善国家生物安全治理体系，持续筑牢生态安全屏障，确保核与辐射安全等。一系列改革举措，将生态环境风险防控制度优势转化为生态环境治理效能，为保护人民群众生命财产安全和国家安全提供了有力保障。

当前，我国生态环境安全形势依然严峻，全球环境变化的不确定性增强。聚焦建设美丽中国进一步全面深化改革，必须坚持统筹发展与安全，完善国家生态安全工作协调机制，建立新污染物协同治理和环境风险管控体系，落实生态保护红线管理制度，完善适应气候变化工作体系，确保国家生态环境安全。

推动构建地球生命共同体、共建清洁美丽世界，在百年未有之大变局加速演进中赢得战略主动的必然要求

习近平总书记强调，改革开放是当代中国大踏步赶上时代的重要法宝。当前，世界百年未有之大变局加速演进，世界之变、时代之变、历史之变不断向广度和深度延展。生态文明建设关乎人类未来，共同构建地球生命共同体是人类的共同心愿和共同梦想，是我们通过进一步全面深化改革赢得战略主动、展现良好形象的重要发力点。

党的十八大以来，我国紧紧围绕推动构建公平合理、合作共赢的全球环境治理体系深化改革，积极参与全球气候治理，作出碳达峰、碳中和庄严承诺，并将其纳入生态文明建设整体布局和经济社会发展全局，共建绿色"一带一路"，推动《巴黎协定》达成，成功举办《生物多样性公约》第十五次缔约方大会，实现了由全球环境治理参与者到引领者的重大转变。中国的改革为建设清洁美丽世界提供了中国智慧和中国方案。

近年来，国际形势趋于复杂，各种形式的绿色壁垒增多。聚焦建设美丽中国进一步全面深化改革，必须坚持胸怀天下，增强历史主动，积极融入全球绿色发展进程，构建碳排放统计核算体系、产品碳标识认证制度、产品碳足迹管理体系，健全碳市场交易制度、温室气体自愿减排交易制度，积极稳妥推进碳达峰碳中和，持续提升我国在全球环境与气候治理中的话语权和影响力，为推进中国式现代化营造良好的外部环境。

提高党的领导水平和长期执政能力、建设更加坚强有力的马克思主义政党的必然要求

勇于自我革命是中国共产党区别于其他政党的显著标志，生态文明建设是关系党的使命宗旨的重大政治问题。聚焦建设美丽中国进一步全面深化改革，是提高党的领导水平和长期执政能力、建设更加坚强有力的马克思主义政党的必然要求。

党的十八大以来，我们党从思想、法律、体制、组织、作风上全面发力，全方位、全地域、全过程加强生态环境保护，不断深化对生态文明建设规律的认识，形成习近平生态文明思想，我国生态文明建设实现了由实践探索到科学理论指导的重大转变。党中央深入推进中央生态环境保护督察，严格实行"党政同责、一岗双责"，压紧、压实生态文明建设政治责任。坚持党对生态文明建设的全面领导，是美丽中国建设成功推进的一条重要经验。

建设美丽中国，事关统筹推进"五位一体"总体布局、协调推进"四个全面"战略布局，事关党的执政能力和执政水平。聚焦建设美丽中国进一步全面深化改革，必须加强党对生态文明建设的全面领导，建立生态环境保护、自然资源保护利用和资产保值增值等责任考核监督制度，推进生态环境治理责任体系、监管体系、市场体系、法律法规政策体系建设，以钉钉子精神抓好改革落实，更加注重系统集成，更加注重突出重点，更加注重改革实效，为人与自然和谐共生的中国式现代化提供强大动力和制度保障。

深化改革驱动全面绿色转型 *

推动经济社会发展绿色化、低碳化，是新时代党治国理政新理念、新实践的重要标志，是实现高质量发展的关键环节，是建设人与自然和谐共生现代化的内在要求。党的二十届三中全会审议通过的《中共中央关于进一步全面深化改革　推进中国式现代化的决定》提出"深化生态文明体制改革"，为推动经济社会全面绿色转型提供了方向指引。《中共中央　国务院关于加快经济社会发展全面绿色转型的意见》科学设定了绿色转型的时间表、路线图、施工图。

党的十八大以来，以习近平同志为核心的党中央把生态文明建设作为关系中华民族永续发展的根本大计，把绿色发展理念贯穿于经济社会发展全过程各方面，坚定不移走生产发展、生活富裕、生态良好的文明发展道路，推动我国绿色低碳发展迈出重大步伐。但同时还要看到，当前我国生态文明建设仍处于压力叠加、负重前行的关键期，经济社会全面绿色转型面临的结构性问题和全球性挑战仍不容忽视，迫切需要进一步发挥改革的驱动作用，破

---

* 　原文刊登于《经济日报》2024 年 9 月 17 日第 6 版，作者：胡军。

除阻碍绿色发展的体制机制弊端，为全面推进美丽中国建设注入强劲动力。

以改革推动经济发展方式转变

坚持绿色发展是发展观的一场深刻革命。过去，一些地方简单"以GDP论英雄"，以牺牲生态环境为代价换取一时的经济增长。实践证明，这种竭泽而渔的发展方式是不可持续的。推动经济社会全面绿色转型，首要的是转变思想观念，牢固树立绿色发展理念，把握好高质量发展与高水平保护的辩证统一关系，更加自觉地推动绿色发展、循环发展、低碳发展，形成节约资源、保护环境的空间格局、产业结构、生产方式、生活方式。只有进一步全面深化改革，才能冲破传统发展思维束缚，真正实现绿色低碳发展。

改革是推动国家发展的根本动力，是加快转变经济发展方式的关键力量。一方面，改革有利于激发绿色发展活力。我国经济社会发展已进入加快绿色化、低碳化的高质量发展阶段，统筹高质量发展和高水平保护任重道远，产业结构高耗能、高碳排放特征依然明显，资源环境约束趋紧的状况仍将持续。必须通过进一步全面深化改革，突破结构性障碍的制约，加快优化调整产业结构、能源结构、交通运输结构、用地结构，推动形成绿色生产和生活方式，持续激发经济社会发展绿色转型内生动力。另一方面，改革有利于破除绿色低碳发展体制机制障碍。经过新时代以来的改革创新，我国绿色低碳发展体制机制不断完善，生态文明制度体系实现系统性重塑，生态文明"四梁八柱"性质的制度体系基本形成。但也要看到，降碳、能源等方面的制度和政策保障与经济社会全面绿色转型尚有不适应的地方，必须锚定美丽中国建设目标，通过进一步全面深化改革，落实深化生态文明体制改革各项任务，建立健全绿色低碳发展机制，为推动经济社会全面绿色转型提供重要支撑。

把握内在规律和重要原则

经济社会全面绿色转型是一个复杂的系统工程，以进一步全面深化改革推动绿色低碳发展，需把握其内在规律和重要原则，运用科学方法，在不断实践探索中前进，增强改革的系统性、整体性、协同性，推动经济社会发展全面绿色转型取得更为显著的成效。

不断推进制度和实践创新。党的十八大以来，我国着力构建系统完整的生态文明制度体系，初步建立起源头严防、过程严管、损害赔偿、后果严惩的生态文明制度框架，生态环境法律和制度建设进入了立法力度最大、制度出台最密集、监管执法尺度最严的时期，生态环境保护发生历史性、转折性、全局性变化。一系列被实践证明行之有效的改革举措，必须一以贯之，要持续深化生态文明体制改革，推动生态环境治理效能不断提升。建设人与自然和谐共生的现代化必然充满艰辛、未知和风险挑战，需要我们在实践中积极探索新的思路和方法，大胆试验、大胆突破，通过改革创新来推动绿色低碳发展体制机制更加成熟、更加定型。

注重系统集成与突出重点。进一步全面深化改革是全面的系统的改革和改进，是各领域改革和改进的联动和集成。以改革推动经济社会全面绿色转型，既要整体考虑、全局把握、协同推进，把系统观念贯穿于生态文明体制改革全过程，促进改革目标相互兼容、改革举措相互配合、政策取向协同一致，又要找准主攻方向，在整体推进中实现重点突破，围绕工业、交通运输、城乡建设、农业、生态保护等重点领域，协同推进降碳、减污、扩绿、增长，推动生态文明建设取得更多实效。

坚持以人民为中心的价值取向。为了人民而改革，改革才有意义；依靠人民而改革，改革才有动力。人民群众是经济社会发展的主体，也是生态环境的保护者和受益者。生态文明体制改革的出发点和落脚点是满足人民群众对美好生态环境的需要、解决人民群众关心的突出环境问题。必须以人民群众生态环境获得感、幸福感、安全感作为检验改革实效的重要标准，健全生态环境治理体系，完善精准治污、科学治污、依法治污制度机制，让人民群众呼吸上新鲜的空气、喝上干净的水、吃上放心的食品、生活在宜居的环境中。还要尊重人民群众的首创精神，鼓励公众积极参与生态环境保护，形成全社会共同推动绿色发展的强大合力。

深化生态文明体制改革

党的二十届三中全会将"聚焦建设美丽中国"作为进一步全面深化改革的"七个聚焦"之一，对深化生态文明体制改革作出重要部署。在促进经济社会发展全面绿色转型的过程中，必须坚持全面转型、协同转型、创新转型、安全转型，落实各项重点任务，为建设人与自然和谐共生的现代化提供有力保障。

促进形成绿色空间格局。构建绿色低碳高质量发展空间格局，健全科学高效的国土空间规划体系，明确各类空间的功能定位和开发保护要求。根据不同区域的生态环境特征和资源环境承载能力，实施分区域、差异化、精准管控的生态环境管理制度。加快建设以国家公园为主体、自然保护区为基础、各类自然公园为补充的自然保护地体系，提供高质量生态产品。打造绿色发展高地，加强区域绿色发展协作，统筹推进协调发展和协同转型。

建立绿色低碳经济体系。构建绿色低碳循环发展经济体系，培育和发展绿色低碳产业，加快传统产业绿色化改造升级，培育壮大新兴产业。完善资源总量管理和全面节约制度，加强资源综合利用和循环利用，推广节能、节水、节地、节材等技术和产品。推进产业生态化和生态产业化，健全生态产品价值实现机制，拓宽绿水青山转化金山银山的路径。健全绿色消费激励机制，优化政府绿色采购政策，推广绿色出行、绿色建筑、绿色办公。

健全"双碳"工作机制。稳妥推进能源绿色低碳转型，加快构建清洁低碳、安全高效的新型能源体系。完善适应气候变化工作体系，加强对气候变化的监测、评估和预警。推动交通结构转型升级，协同推进交通运输减污降碳。建立能耗双控向碳排放双控全面转型新机制，构建碳排放统计核算体系、产品碳标识认证制度、产品碳足迹管理体系，建立地方碳排放目标评价考核制度。健全碳市场交易制度、温室气体自愿减排交易制度，运用市场机制促进碳减排。

完善绿色转型政策体系。健全绿色转型财税政策，丰富绿色转型金融工具，积极发展绿色贷款、绿色债券、绿色保险等，创新和优化投资机制，深化电力价格改革，进一步完善阶梯水价等价格政策。健全资源环境要素市场化配置体系，提高生态环境治理的法治化水平，统筹推进生态环境保护、资源能源利用、应对气候变化等相关法律法规制修订工作。建立碳达峰碳中和标准体系，加快节能标准更新升级，完善可再生能源标准体系和工业绿色低碳标准体系。

强化绿色科技创新支撑。推进绿色低碳科技革命，因地制宜发展绿色生产力。建设绿色智慧的数字生态文明，深化大数据、云计算、人工智能等数字技术运用，构建美丽中国数字化治理体系。加强有组织的基础研究，强化生态环境领域技术与信息、生物、材料等变革性技术的交叉融合创新。聚焦能源绿色低碳转型、低碳零碳工艺流程再造、新型电力系统等领域，强化关键核心技术攻关。实施生态环境领域科技创新专项规划，完善激励机制，大力培养创新人才，优化高校学科专业设置，夯实绿色转型智力基础。

生物多样性保护中的多元文化和多边主义 *

生物多样性持续丧失和生态系统退化正在给人类带来巨大危机。尽管世界各国都采取措施保护生物多样性，但全球生物多样性治理赤字仍在不断扩大。自然的退化并不纯粹是一个环境问题，它涵盖经济、文化、地缘政治、社会正义和人权等各方面。各国应尊重多元文化、坚持多边主义，秉持共建地球生命共同体和人类命运共同体理念，携手推进人与自然和谐共生，共建清洁、美丽、繁荣的世界。

深刻理解生物多样性、多元文化、多边主义三者之间的内在联系

生物多样性是多元文化源远流长的基础条件。生物多样性造就文化多元性。文化是人类在依附自然、适应自然和改造自然的过程中不断创造、不断丰富又不断革新的人类活动的总和。生物多样性是文化多元性的前提条件和物质基础，自然生态、气候条件与群落生存方式相互作用，共同孕

---

* 原文刊登于《学习时报》2024 年 6 月 14 日第 2 版，作者：胡军。

育出不同的文化形态。我国幅员辽阔、生态系统类型复杂多样，是世界上生物多样性最丰富的国家之一，也随之孕育了多姿多彩的多元文化。我国有 56 个民族，无论是居于平原还是高山、深谷，各民族在认识自然、适应自然、利用自然的过程中创造了丰富多彩的民族文化，并因生态环境与社会变迁不断发展创新，酝酿出"各美其美，美人之美，美美与共"的文化品格，造就了诸如东南地区的桑基鱼塘、西南地区的高山梯田等人与自然和谐共生的经典范例。

多元文化为保护生物多样性提供源头活水。在中国，生物多样性富集区往往是民族聚居区和文化特色区。各民族生活在复杂多样的自然环境和生态系统中，世世代代积累形成了与生物多样性相关的生产生活习惯，体现了最朴素的生态保护理念。例如，蒙古族传统文化中的"约孙"，主要是指保护马匹、保护草场、保护水源、防止荒火、珍惜血食、节约用水等；在傣族传统文化中，保护森林、爱护大自然是必须恪守的，他们生活在原始热带雨林，却绝不随便砍伐一棵树。近年来，各民族的优秀传统生态文化在生态文明建设中不断焕发新生机，融入习近平生态文明思想，推动中国生态文明建设发生历史性、转折性、全局性变化。可以说，生物多样性与文化多元性相互依存，正是因为有了多样的生物，才有了多元的文化。反过来，多元文化又成为保护生物多样性的强劲动力。

多边主义为全球生物多样性保护和多元文化交流互鉴提供机制保障。实践证明，解决全球生物多样性危机的出路有且仅有一条，就是坚持和践行真正的多边主义，加强国际合作和文化交流，共同寻找应对挑战的"密码"。多边主义是全球生物多样性保护必须恪守的原则，中国积极倡导并践行这一原则，凝聚各国共识，引领推动达成了包括"昆明—蒙特利尔全球生物多样性框架"（以下简称"昆蒙框架"）在内的具有里程碑意义的一揽子决定，为全球生物多样性治理擘画了蓝图、设定了目标、明确了路径、凝聚了力量。多边主义是推动多元文化交流互鉴的机制保障。真正的多边主义应以尊重多样性为思想前提、以共商共建共享为基本原则、以构建人类命运共同体为核心价值，倡导多元文化交流互鉴，共同应对生物多样性危机。更重要的是，加强全球生物多样性保护是践行多边主义、推动多元文化交流的具体体现和重要路径。面对全球生物多样性丧失问题，任何一国想单打独斗都无法解决，必须践行多边主义、尊重多元文化，共同开展全球行动、全球应对、全球合作，为子孙后代留下一个美丽、健康、宜居的地球家园。

尊重多元文化为保护生物多样性提供新动能

加强生物多样性保护中的文化交流互鉴。"物之不齐，物之情也。"许多民族在与自然长期相处的过程中逐渐形成尊重自然、顺应自然、保护自然的文化自觉。文化是多元的。多元文化是人类社会的基本特征，不同文化各有千秋，没有优劣之分，只有特色之别。文化是平等的。只有以平等为前提，秉持谦逊的态度，不同文化才能交流互鉴。文化是包容的。包容是多元文化相互交流的动力，一切文化成果都值得珍惜，只有加强交流，文化才能充满生命力。只有秉持多元文化之间平等、包容的态度，才能为保护生物多样性提供新思路。

多元文化之间取长补短为生物多样性保护提供新引擎。"万物并育而不相害，道并行而不相悖。"在保护生物多样性方面，没有一种放之四海而皆准的文化模式，我们应倡导并尊重生态文化的多元性。一个国家、一个地区、一个民族如何保护生物多样性，应依据自己的历史传承、文化传统和经济社会发展水平决定，没有包治百病的"万能药"，将某一种文化强加于人一定会引起水土不服。实践已经证明并将继续证明，在生物多样性保护中，不同文化应该相互包容、交流、借鉴，必须充分尊重和弘扬各民族优秀生态文化，取人之长补己之短，积极将"他山之石"转化为保护生物多样性的新动力，在求同存异中携手前进，共建共享和谐美丽家园。

践行多边主义携手构建地球生命共同体

践行多边主义、加强国际合作。《生物多样性公约》开篇明确指出，保护生物多样性是全人类共同关切的问题。面对全球生物多样性危机，仅凭一国之力怎能完成？必须从全人类共同利益出发，坚持以国际法为基础、以公平正义为要旨、以有效行动为导向，维护以联合国为核心的国际体系，遵循《生物多样性公约》的目标和原则，努力落实"昆蒙框架"，积极开展跨界保护区和生态走廊建设，推动国际资金支持与技术转移，发挥生物多样性和生态系统服务政府间科学政策平台（Intergovernmental Science-Policy Platform on Biodiversity and Ecosystem Services，IPBES）作用。强化自身行动，深化伙伴关系，提升合作水平，在保护生物多样性中互利共赢。

坚持共同但有区别的责任原则。生物多样性关系人类福祉，是人类赖以生存和发展的重要基础。共同但有区别的责任原则是全球生物多样性治理的基石，发展中国家面临发展经济、生物多样性丧失、应对气候变化等多重挑战。必须充分肯定发展中国家的贡献，照顾其特殊困难和关切。人类只有一个地球，各国共处一个世界。发达国家应该展现更大雄心和行动，为发展中国家提供资金、技术、能力建设等方面支持，避免设置绿色贸易壁垒，帮助他们加速绿色低碳转型进程。

保护生物多样性、尊重多元文化、践行多边主义，这三个议题紧密相连，共同构成了我们这个时代的重要使命。让我们共同努力，以生态文明理念为引领，以文化交流互鉴为纽带，以多边合作为桥梁，以更加开放、包容、合作的态度应对新机遇、新挑战，共同守护地球家园，共创人类美好未来。

加快建设人与自然和谐共生的现代化 *

促进人与自然和谐共生是中国式现代化的本质要求，建设人与自然和谐共生的现代化是中国式现代化的鲜明特点。习近平总书记在全国生态环境保护大会上强调，要把建设美丽中国摆在强国建设、民族复兴的突出位置，以高品质生态环境支撑高质量发展，加快推进人与自然和谐共生的现代化。新时代新征程，我们要牢固树立和践行绿水青山就是金山银山的理念，站在人与自然和谐共生的高度谋划发展，以美丽中国建设全面推进人与自然和谐共生的现代化。

中国式现代化是人与自然和谐共生的现代化

人与自然的关系是人类社会最基本的关系，如何处理好人与自然的关系是一个永恒的课题，也是一个世界性难题。建设人与自然和谐共生的现代化是中国式现代化的重大创新，为解决人与自然和谐共生问题提供了中

---

* 原文刊登于《中国经济时报》2024 年 3 月 20 日第 5 版，作者：胡军。

国智慧、中国方案，有着深厚的基础和依据。

尊重规律的必然要求。人与自然是生命共同体。马克思主义认为，人靠自然界生活；人类在同自然的互动中生产、生活、发展。习近平总书记指出，人因自然而生，人与自然是一种共生关系。习近平总书记还指出，人类对大自然的伤害最终会伤及人类自身，这是无法抗拒的规律。我国生态本底脆弱，生态系统质量总体水平仍较低，全面建设社会主义现代化国家，如果走欧美发达国家（地区）老路，去大量消耗资源，去污染环境，是难以为继、走不通的。

把握时代脉搏的必然选择。一方面，绿色低碳发展是当今时代科技革命和产业变革的鲜明特征，也是新一轮国际竞争的焦点之一。另一方面，进入新时代，高质量发展成为时代主题，人民群众对优美生态环境期盼越来越多、要求越来越高。建设人与自然和谐共生的现代化，既是事关我国能否抓住新一轮科技革命和产业变革机遇、抢占战略先机的必然选择，也是贯彻新发展理念、不断满足人民美好生活新期待、新需要的必然要求。

坚定道路自信、理论自信、制度自信、文化自信的必然结果。中华民族向来尊重自然、热爱自然，"道法自然""天人合一"是中华文明内在的生存理念。党的十八大以来，以习近平同志为核心的党中央，坚持把马克思主义基本原理同中国生态文明建设实践相结合、同中华优秀传统生态文化相结合，不断深化对人与自然关系的规律性认识，把"人与自然和谐共生的现代化"纳入中国式现代化布局和理论体系，赋予中国式现代化新的特色。

人与自然和谐共生的现代化内涵丰富

人与自然和谐共生的现代化强调同步推进物质文明和生态文明建设，既要创造更多物质财富和精神财富以满足人民日益增长的美好生活需要，也要提供更多优质生态产品以满足人民日益增长的优美生态环境需要，是中国式现代化独特的生态观。从整体看，人和自然是具有同等重要地位的主体，和谐共生是方法路径，现代化是目标指向，共同组成了人与自然和谐共生的现代化的丰富内涵。

一是蕴含"生态优先"的理念。大自然是人类赖以生存发展的基本条件。建设人与自然和谐共生的现代化，首先要把生态保护放在第一位，坚持节约优先、保护优先、自然恢复，像保护眼睛一样保护自然和生态环境。在发展与保护失衡的时候，更多的是要考虑如何保持自然生态系统的原真性和完整性，保护生物多样性，留给自然生态休养生息的空间和时间。发展的前提是以资源环境承载力为基础，尊重自然规律，把人类活动限制在生态环境能够承受的限度内。

二是蕴含"以人为本"的原则。人与自然和谐共生与西方生态中心主义和人类中心主义具有本质区别。保护生态不是单纯地把生态与人割裂开来，而是要满足人民优美生态环境需要，为人民提供更多的优质生态产品。全面建成小康社会后，生态环境在群众生活幸福指数中的地位更加凸显，人民优美生态环境的获得感、幸福感更加强烈。建设人与自然和谐共生的现代化，就是要深入推进环境污染防治，持续改善生态环境质量，让人民群众亲近自然、保护自然，让人民群众在绿水青山中共享自然之美、生命之美、生活之美。

三是蕴含"高质量发展"的目标。高质量发展是新时代的硬道理，是全面建设社会主义现代化国家的首要任务。推动高质量发展必须发展新质生产力。绿色发展是高质量发展的底色，新质生产力本身就是绿色生产力。建设人与自然和谐共生的现代化，就是要促进经济社会发展全面绿色转型，着力构建绿色低碳循环经济体系，在高水平保护中塑造发展的新动能、新优势，不断提升经济发展的"含金量""含绿量"，降低"含碳量"，实现生态环境保护和经济高质量发展双赢。

以美丽中国建设全面推进人与自然和谐共生的现代化

党的十八大以来，以习近平同志为核心的党中央把生态文明建设摆到全局工作的突出位置，全方位、全地域、全过程加强生态环境保护，实现了由重点整治到系统治理、由被动应对到主动作为、由全球环境治理参与者到引领者、由实践探索到科学理论指导的重大转变，美丽中国建设迈出重大步伐。但是也要看到，我国生态环境保护结构性、根源性、趋势性压力尚未根本缓解，美丽中国建设任务依然艰巨。

2023 年 12 月，中共中央、国务院印发《中共中央 国务院关于全面推进美丽中国建设的意见》，强调要加快形成以实现人与自然和谐共生的现代化为导向的美丽中国建设新格局，筑牢中华民族伟大复兴的生态根基，对建设美丽中国和人与自然和谐共生的现代化作出了系统部署。在新征程上，要深入学习贯彻习近平生态文明思想，锚定美丽中国建设的目标，正确处理"五个重大关系"，坚持做到全领域转型、全方位提升、全地域建设、全社会行动，着力推进加快发展方式绿色转型，持续深入推进污染防治攻坚，提升生态系统多样性、稳定性、持续性，守牢美丽中国建设安全底线，打造美丽中国建设示范样板，开展美丽中国建设全民行动，健全美丽中国建设保障体系七个方面任务，以美丽中国建设全面推进人与自然和谐共生的现代化。

绿色低碳发展是解决生态环境问题的治本之策，推动经济社会发展绿色化、低碳化是实现高质量发展的关键环节。以美丽中国建设全面推进人与自然和谐共生的现代化，就要把经济社会全面绿色转型作为关键着力点和重点突破口。要牢牢把握站在人与自然和谐共生的高度谋划发展的要求，推动产业结构、能源结构、交通运输结构等升级优化，努力打造绿色低碳循环发展的经济体系，在绿色转型中推动发展实现质的有效提升和量的合理增长，降低和减少发展的资源环境代价。要强化创新支撑，依靠科技赋能、数字赋能、体制机制赋能，大力培育和发展绿色生产力，加快推动生态产品价值实现，以高水平保护不断塑造发展的新动能、新优势，持续增强发展的潜力和后劲。

正确处理高质量发展和高水平保护的关系 *

◇ 处理好发展和保护的关系是人类社会发展面临的永恒课题。当前，世界正处于百年未有之大变局，全球经济复苏乏力，经济全球化遭遇逆流，一些国家面临能源危机、粮食危机、债务危机等，导致全球气候治理、绿色低碳转型的迟滞。如何继续正确处理发展和保护的关系，促进人与自然和谐共生，是未来实现人类社会可持续发展必须回答的问题。

◇ 高水平保护是高质量发展的重要支撑。高水平保护直接改善生态环境质量，提升高质量发展的品质。同时，高水平保护可以为高质量发展提供优质的生态产品，打通绿水青山和金山银山之间的转化通道；通过生态环境分区管控、环境影响评价等，遏制高耗能、高排放项目盲目发展，为高质量发展把好关、守好底线。

发展与保护不是非此即彼的"单选题"，而是兼顾兼得、并行不悖的

---

* 原文刊登于《瞭望》2024 年第 23 期，作者：胡军、宁晓巍。

双向选择。

在全国生态环境保护大会上，习近平总书记深刻阐述了新征程上继续推进生态文明建设需要处理好的"五个重大关系"，分别是高质量发展和高水平保护的关系、重点攻坚和协同治理的关系、自然恢复和人工修复的关系、外部约束和内生动力的关系、"双碳"承诺和自主行动的关系。

其中第一个就是高质量发展和高水平保护的关系。高质量发展和高水平保护的关系相对于其他四个重大关系，居统摄和引领地位，带有全局性、根本性和长期性。

深入学习贯彻习近平生态文明思想，必须牢牢把握高质量发展和高水平保护的逻辑关系、实践要求，坚持好、运用好贯穿其中的马克思主义立场、观点、方法，协同推进高质量发展和高水平保护。

处理好发展和保护的关系是人类社会发展面临的永恒课题

习近平总书记指出，处理好发展和保护的关系，是一个世界性难题，也是人类社会发展面临的永恒课题。

在漫长的人类社会发展进程中，自然禀赋、自然环境始终起到至关重要的作用，对社会发展形成助益或制约。只要历史的车轮不停歇，处理发展和保护关系的脚步就不会停止，而且随着发展的变化，这一关系也会呈现出新的特征和新的变化。

从历史上看，人类社会进步史是探索发展和保护关系的演进史。

早在原始文明、农耕文明时期，世界各国的先民就形成了依赖自然、崇尚自然、顺从自然的朴素生态伦理观。中国古人很早就把关于自然生态的观念上升为国家管理制度，专门设立掌管山林川泽的机构，早在西周时期，周文王就颁布《伐崇令》，其被誉为世界上最早的环境保护法令。古希腊城市的规划中，城市的布局和建筑设计考虑了环境因素，以确保城市的可持续发展。这一时期，发展与保护保持一种相对的平衡，但也有毁林开荒、乱砍滥伐造成的惨痛教训。例如，生态环境衰退特别是严重的土地荒漠化导致古埃及、古巴比伦衰落。

人类进入工业文明时代以来，在创造巨大物质财富的同时，也加速了对自然资源的攫取，打破了地球生态系统平衡。人与自然深层次矛盾日益显现，发展和保护的关系也逐渐紧张。人们越发意识到，破坏生态、污染环境的发展方式不可持续，必须探寻发展和保护并重的道路。

从现实上看，全球生态文明建设面临的最大挑战，正是如何更好地统筹发展和保护。

发展依然是当今时代主题，但全球生态文明建设面临的气候变化、生物多样性丧失、环境污染等问题，逐渐成为制约世界经济发展的主要条件之一，为全球可持续发展带来严峻挑战。

西方发达国家在推进现代化过程中，大量消耗资源并造成大量温室气体排放，在实现自身生产力快速发展的同时，也给全球带来了巨大的生态环境赤字。为应对本国日益严重的生态环境危机，发达国家逐步开展污染治理，并通过产业转移，将高污染、高消耗产业向发展中国家转移，造成新的发展和保护的矛盾。

发展中国家期望发达国家给予应对气候变化资金支持，帮助其减少碳排放和实现可持续发展。但到目前为止，发达国家迟迟未能兑现每年提供 1 000 亿美元气候资金支持的承诺。处理好发展和保护的关系，不是某一个国家单打独斗可以解决的难题，已经成为需要全球共同应对的世界性难题。

从长远看，世界可持续发展之路也是处理好发展和保护关系之路。

2015 年"联合国可持续发展峰会"通过《变革我们的世界：2030 年可持续发展议程》（以下简称《议程》），指出经济、社会和环境是可持续发展的三个主要方面，它们是整体的且不可分割的。但从落实效果上看，《议程》中可持续发展目标的实现情况并不理想。相关评估显示，实现可持续发展目标的期限已经过半，169 个具体目标中，只有 15% 的目标有望在最近十年内实现，有一半的目标偏离轨道，有 30% 的目标根本没有任何进展甚至出现倒退。

实现全球可持续发展，道阻且长、任重道远。当前，世界正处于百年未有之大变局，全球经济复苏乏力，经济全球化遭遇逆流，一些国家面临能源危机、粮食危机、债务危机等，导致全球气候治理、绿色低碳转型的迟滞。如何正确处理发展与保护的关系，促进人与自然和谐共生，是未来实现人类社会可持续发展必须回答的问题。

把握好高质量发展和高水平保护的辩证统一关系

习近平总书记指出，高水平保护是高质量发展的重要支撑，生态优先、绿色低碳的高质量发展只有依靠高水平保护才能实现。在中国式现代化建设全过程中，我们都要把握好高质量发展和高水平保护的辩证统一关系。

我国用几十年时间走完了发达国家几百年走过的工业化历程，快速发展的同时也造成了许多环保欠账，生态环境保护结构性、根源性、趋势性压力尚未根本缓解，制约高质量发展的环境因素依然存在。

高质量发展和高水平保护内在相通、有机统一。"辩证"要求全面地看待事物之间的普遍联系性，"统一"要求看到不同事物具有的内在一致性。

从内在要求上看，高质量发展是创新成为第一动力、协调成为内生特点、绿色成为普遍形态、开放成为必由之路、共享成为根本目的的发展。绿色是高质量发展的底色，良好生态环境成为检验高质量发展水平的重要标准之一。

从实现目标上看，高水平保护注重解决人与自然和谐共生的问题，是为了改变传统的"大量生产、大量消耗、大量排放"的生产模式和消费模式，增加经济社会发展的"含金量""含绿量"，降低"含碳量"，与高质量发展相向而行。

党的二十大报告在"加快构建新发展格局，着力推动高质量发展"章节中明确，"推动制造业高端化、智能化、绿色化发展""构建新一代信息技术、人工智能、生物技术、新能源、新材料、高端装备、绿色环保等一批新的增长引擎""发展海洋经济，保护海洋生态环境"等；在"推动绿色发展，促进人与自然和谐共生"章节中明确"加快推动产业结构、能源结构、交通运输结构等调整优化""发展绿色低碳产业"等，充分表明高质量发展和高水平保护不是脱离彼此的独立个体，而是"你中有我，我中有你"的共同体。

高质量发展和高水平保护相辅相成、相得益彰。高质量发展的"生态性"和高水平保护的"经济性"，使两者相互促进、互为补充。

　　高水平保护是高质量发展的重要支撑。高水平保护直接改善生态环境质量，提升高质量发展的品质。同时，高水平保护可以为高质量发展提供优质的生态产品，打通绿水青山和金山银山之间的转化通道；通过生态环境分区管控、环境影响评价等，遏制高耗能、高排放项目盲目发展，为高质量发展把好关、守好底线。

　　高质量发展是高水平保护的坚强后盾。高质量发展为实现高水平保护提供不可或缺的财政、科技、市场等支持；有助于推进产业生态化和生态产业化；有益于推动形成科技含量高、资源消耗低、环境污染少的绿色低碳发展模式，从根本上解决生态环境问题，促进高水平保护。

　　党的十八大以来，我国以年均 3% 的能源消费增速支撑了年均 6.6% 的经济增长，在碳排放强度累计下降超过 35% 的同时，生态环境质量持续改善，2023 年全国地级及以上城市细颗粒物（$PM_{2.5}$）平均浓度为 30 微克 / 立方米，是全球大气质量改善速度最快的国家；全国地表水水质优良（Ⅰ～Ⅲ类）断面比例为 89.4%，已接近发达国家水平。这些成绩的取得充分说明，高质量发展与高水平保护可以相互促进，二者能够在良性互动中推动经济实现质的有效提升和量的合理增长。

　　高质量发展和高水平保护相互影响、相互依存。如果不能协同推进高质量发展和高水平保护，则可能阻碍各自的进程，产生适得其反的作用。

　　一方面，发展经济不能对资源和生态环境"竭泽而渔"。高投入、高消耗、高排放的粗放型增长，必定因能源、资源、环境等约束条件日趋紧张而不可持续。当前，我国污染物和碳排放总量仍居高位，能源需求仍将保持刚性增长，产业结构偏重、能源结构偏煤的状况一时难以改变，高质量发展还需直面挑战。

另一方面，生态环境保护绝不是舍弃经济发展而"缘木求鱼"。保护生态环境绝不是不要发展，而是要更好地发展。生态环境问题归根结底是发展方式的问题，如果没有高质量发展的"加持"，不能从源头上降低污染物的排放，改善生态环境质量也必定是"事倍功半"。

以高水平保护塑造高质量发展的新动能新优势

高水平保护体现高质量发展的要求，高质量发展反映高水平保护的成效。我们要深刻把握二者之间的辩证统一关系，紧紧围绕高质量发展的首要任务，充分发挥生态环境保护引领、优化和倒逼作用，推动绿色低碳循环发展，以高品质生态环境支撑高质量发展。

牢固树立绿水青山就是金山银山的理念。绿水青山就是金山银山是重要的发展理念，是实现可持续发展的内在要求。要深入学习贯彻落实习近平生态文明思想，深化社会主义生态文明建设的规律性认识，进一步学懂、弄通、做实习近平总书记在全国生态环境保护大会上的重要讲话精神，把党的创新理论转化为指导全面推进美丽中国建设的强大思想武器，自觉做坚定信仰者、积极传播者、忠实实践者。站在人与自然和谐共生的高度谋划发展，自觉把经济活动、人的行为限制在自然资源和生态环境能够承受的限度内，构建以产业生态化和生态产业化为主体的生态经济体系，建立生态产品价值实现机制，努力把绿水青山蕴含的生态产品价值转化为金山银山。

注重坚持好、运用好系统观念、系统思维。系统观念是具有基础性的思想和工作方法。协同推进高质量发展和高水平保护涉及经济、政治、文化、社会、生态等各个方面，是一项复杂的系统工程。这就要求我们立足全局，既要抓住主要矛盾和矛盾的主要方面，又要注重统筹兼顾、协同推进，统筹产业结构调整、污染治理、生态保护、应对气候变化，协同推进降碳、减污、扩绿、增长，不断增强发展与保护的系统性、整体性、协同性。坚持山水林田湖草沙一体化保护和系统治理，不断提升生态系统质量和稳定性，构建从山顶到海洋的保护治理大格局。

大力发展绿色、创新、先进的新质生产力。新质生产力本身就是绿色生产力，代表先进生产力的发展方向。要因地制宜发展新质生产力，加强绿色科技创新特别是原创性、颠覆性科技创新，加快先进绿色技术推广应用，积极发展绿色产业。深化人工智能等数字技术运用，建设绿色智慧的数字生态文明。健全资源环境要素市场化配置体系，创新生产要素配置方式，进一步深化经济体制、科技体制、生态文明体制改革，健全现代环境治理体系。

加快推进经济社会全面绿色低碳转型。推动经济社会发展绿色化、低碳化是实现高质量发展的关键环节。要保持加强生态文明建设的战略定力，以减污降碳协同增效为总抓手，加快推动产业结构、能源结构、交通运输结构等调整优化，着力构建绿色低碳循环经济体系，完善绿色低碳发展经济政策，促进环保产业和环境服务业健康发展。全面落实生态环境分区管控要求，严把生态环境准入关口，坚决遏制"两高一低"项目盲目上马。坚持精准治污、科学治污、依法治污，深入推进污染防治攻坚战，持续深入打好蓝天、碧水、净土保卫战，推动污染防治在重点区域、重要领域、关键指标上取得新突破。积极普及生态文化，在全社会牢固树立社会主义生态文明观，加快形成绿色生活方式。

正确处理重点攻坚和协同治理的关系 *

◇　正确处理重点攻坚和协同治理的关系是对生态文明建设实现由重点整治到系统治理的重大转变的继承和发展。

◇　"重点攻坚"注重污染防治，做好减法降低污染物排放量，是坚持问题导向、以人民为中心的内在要求；"协同治理"注重统筹兼顾，做好加法扩大环境容量，是坚持系统观念的具体体现。

◇　建设美丽中国是一项长期而艰巨的战略任务和系统工程。任务目标的复杂性、艰巨性持续加大，决定了重点攻坚的必要性；工作任务的全面性、系统性发生巨大变化，又决定了协同治理的必要性。

2023 年全国生态环境保护大会上，习近平总书记深刻阐述了新征程上继续推进生态文明建设需要正确处理的"五个重大关系"，即高质量发展和高水平保护的关系、重点攻坚和协同治理的关系、自然恢复和人工修复

---

* 　原文刊登于《瞭望》2024 年第 37 期，作者：俞海、王姣姣。

的关系、外部约束和内生动力的关系、"双碳"承诺和自主行动的关系。

"五个重大关系"凸显了历史和现实相贯通、理论和实践相结合、国内和国际相关联的鲜明特征，标志着我们党对生态文明建设规律性认识的进一步深化，是习近平生态文明思想的新创造、新发展、新成果。

正确处理重点攻坚和协同治理的关系，既是系统观念在生态文明建设具体实践中的深化，也是重点突破、全面推进工作思路的具体体现，充分体现了矛盾论和系统论在生态文明建设中的深刻践行，为新征程上正确处理其他几个重大关系提供了策略路径，是新时代生态文明建设的重要理论指导和实践探索。

准确理解重点攻坚和协同治理的内在本质

习近平总书记指出，要坚持重点攻坚，抓住主要矛盾和矛盾的主要方面，对突出生态环境问题采取有力措施，以重点突破带动全局工作提升。同时，要强化目标协同、多污染物控制协同、部门协同、区域协同、政策协同，不断增强各项工作的系统性、整体性、协同性。

从性质上看，正确处理重点攻坚和协同治理的关系是对生态文明建设理念方法的深化，是对生态文明建设实现由重点整治到系统治理的重大转变的继承和发展。

"重点攻坚"注重污染防治，做好减法降低污染物排放量，是坚持问题导向、以人民为中心的内在要求。坚持问题导向是我们党一贯倡导和坚持的重要方法论，即要善于从繁杂问题中把握事物规律性，从苗头问题中发现事物倾向性，从偶然问题中揭示事物必然性。重点攻坚就是把与人民生活切实联系的、损害群众健康的环境问题作为打开工作局面的突破口和主攻方向，重点整治百姓身边的突出生态环境问题，牵住环境治理的"牛鼻子"，有效遏制生态环境恶化势头，对生态文明建设的全局性胜利起到关键作用。

"协同治理"注重统筹兼顾，做好加法扩大环境容量，是坚持系统观念的具体体现。系统观念是具有基础性的思想和工作方法。协同治理是在深刻认识环境问题的复合性、综合性以及生态系统整体性、系统性及其内在规律后做出的科学判断，是以实现全域国土空间和自然资源全要素的保护修复为目标的系统治理，在生态文明建设全过程中居于主导地位，带有全局性、根本性和长期性。

重点攻坚和协同治理是整体和部分相互促进、相辅相成的关系。

重点攻坚可以带动全局工作提升，为协同治理奠定基础。解决突出环境问题，既是改善环境领域民生问题的迫切需要，也是加强生态文明建设的当务之急。党的十八大以来，国家启动以打赢蓝天保卫战三年行动计划为标志的大气污染防治行动，破题攻坚农村散煤治理，重拳整治"散乱污"企业及集群，京津冀等地区大气重污染攻关取得重大突破，为区域联防联控和打赢蓝天保卫战打下坚实基础。重点攻坚是在立足整体、统筹全局基础上选择的最佳行动方案，带动工作整体推进、全面发展，促进协同治理整体效能得到最大发挥。

协同治理是为了全局工作的全面落实，同时有利于更扎实有效地开展重点攻坚。以习近平同志为核心的党中央将"一盘棋"的全局观贯穿于生态文明建设各方面和全过程，统筹山水林田湖草沙一体化保护和系统治理。2015 年以来，我国实施水污染防治行动计划，深入推进大江大河和重要湖泊水环境治理，同时点面结合、标本兼治，强化区域流域上中下游、江河湖库、左右岸、干支流的协同治理，统筹水资源、水环境、水生态治理。经过不懈的努力，全国地表水优良水质断面比例接近发达国家水平，全国水土流失面积和强度实现"双下降"，长江水生生物多样性持续恢复，黄河流域绿进沙退重新焕发勃勃生机。把重点攻坚放在全局中进行统筹兼顾和系统谋划，协同治理是在整体推进中实现更高水平的重点突破。

重点攻坚和协同治理是"两点论"和"重点论"的辩证统一。矛盾是事物发展变化的根本源泉和动力。坚持"重点论"要求抓住主要矛盾和矛盾的主要方面。坚持"两点论"要求既要看到主要矛盾，又不忽略次要矛盾；既要看到矛盾的主要方面，又不忽略矛盾的次要方面。

一方面，生态环境保护不能"眉毛胡子一把抓"，不能面面俱到地平均用力。要按照客观规律办事，注重因地制宜、分类施策，根据不同地区的自然资源禀赋、生态环境容量，采用不同治理方式。要强化科学思维、对症下药，着力补短板、强弱项，推动问题得到根本解决。

另一方面，生态环境治理不能"头痛医头、脚痛医脚"。如果不树立全局眼光和战略思维，搞突击化、简单化、碎片化生态环境治理，必定"按下葫芦浮起瓢"，可能造成生态系统性、长期性破坏。要以系统思维谋全局，算大账、算长远账、算整体账、算综合账，力求达到"1+1＞2"的效果，实现环境效益、经济效益、社会效益多赢。

深刻把握新征程上推进生态文明建设的实践要求

习近平总书记指出，要从系统工程和全局角度寻求新的治理之道，不能再是头痛医头、脚痛医脚，各管一摊、相互掣肘，而必须统筹兼顾、整体施策、多措并举，全方位、全地域、全过程开展生态文明建设。

生态文明建设在不同阶段面临的形势和挑战不同，任务目标也随之变化。生态文明建设事业是不断螺旋上升发展的过程。回顾我国生态环境保护之路，就是统筹重点攻坚和协同治理的关系之路。

二十世纪八九十年代，我国把主要精力聚焦在重点流域、水域，把提升水环境质量、治理水污染物作为重点工作。二十一世纪以来，随着经济社会发展和各类污染物排放增加，大气污染问题随之出现，治理重心转向可吸入颗粒物、细颗粒物治理，主要污染物排放总量显著减少是环保考核的主要指标。新时代以来，污染防治攻坚战从"坚决"打好向"深入"打好转变，以空气、水、土壤等环境质量总体改善为目标，污染防治触及的矛盾问题层次更深、领域更宽，生态环境治理进入巩固提升、纵深推进的新阶段。

"十四五"时期以来，我国生态文明建设进入了以降碳为重点战略方向、推动减污降碳协同增效、促进经济社会发展全面绿色转型、实现生态环境质量改善由量变到质变的关键时期。在精准治污、科学治污、依法治污基础上，我们从污染末端治理向源头管控、精细化管理思路转变，以绿色低碳发展为引领，推动绿色生产、生活方式变革，生态文明建设不断延伸深度、拓展广度。

当前，建设美丽中国是全面建设社会主义现代化国家的重要目标。对标美丽中国建设新要求，重点任务由坚决打好污染防治攻坚战向推动绿色低碳转型、加强污染防治、生态保护、推进碳达峰碳中和、守牢美丽中国安全底线和健全保障等方面全方位发力转变。

同时，我们也要清醒地看到，作为拥有 14 亿多人口的发展中大国，我国多年快速发展形成的产业结构高能耗、高排放特征短期之内难以改变，资源压力大、环境容量有限、生态系统脆弱的基本国情没有改变。我国新型工业化、城镇化还在深入推进，高质量发展面临着污染尚未解决、生态保护需求迫切、经济有待增长、碳减排压力较大等多重挑战，生态环境保护结构性、根源性、趋势性压力尚未根本缓解，生态文明建设仍然处于压力叠加、负重前行的关键期。

建设美丽中国是一项长期而艰巨的战略任务和系统工程。任务目标的复杂性、艰巨性持续加大，决定了重点攻坚的必要性；工作任务的全面性、系统性发生巨大变化，又决定了协同治理的必要性。

面对加快推动发展方式绿色转型，深入推进污染防治攻坚，提升生态系统多样性、稳定性、持续性，积极稳妥推进碳达峰碳中和等多重目标，必须更加注重从系统工程和全局角度寻求新的治理之道，正确处理重点攻坚和协同治理的关系，统筹产业结构调整、污染治理、生态保护、应对气候变化，协同推进降碳、减污、扩绿、增长。特别是要深刻把握环境污染物和碳排放高度同根同源的特征，抓住绿色低碳发展这个治本之策，切实发挥好降碳行动对生态环境质量改善的源头牵引作用，统筹好发展和减排、整体和局部、长远和短期的关系，处理好降碳与减污、扩绿、增长之间的关系，增强各项举措的关联性和一致性。

做好统筹协调大文章　全面推进美丽中国建设

当前以及未来一定时期是我国实现生态环境质量改善由量变到质变的

相持阶段，是从污染防治攻坚战向美丽中国建设迈进的转型阶段，是推动实现人与自然和谐共生的现代化的提速阶段。面向 2035 年生态环境根本好转、美丽中国目标基本实现，要坚持山水林田湖草沙一体化保护和系统治理，构建从山顶到海洋的保护治理大格局。

一方面，必须保持战略定力，以钉钉子精神持续不断推动生态文明建设，深入打好污染防治攻坚战，突出重点区域、重点领域、关键环节，实施一批标志性行动和创新性举措，以更高标准打几个漂亮的标志性战役。

聚焦重点区域。紧盯国家重大发展战略落实，扎实推进京津冀及周边、汾渭平原打好重污染天气消除攻坚战；打好长江保护修复、黄河生态保护治理攻坚战，为重大战略区域和重点流域高质量发展提供高品质生态环境支撑。

聚焦重点领域。坚持问题导向、人民至上，围绕臭氧污染防治、柴油货车污染治理、城市黑臭水体治理、重点海域综合治理、农业农村污染治理等重点领域持续深入发力，取得一系列标志性成果，不断满足人民群众对优美生态环境的新期待。

聚焦关键环节。围绕提升生态环境监管执法效能、建立完善现代化生态环境监测体系、构建服务型科技创新体系、全面强化生态环境法治保障等方面，紧紧扭住关键环节改革攻坚，着力提升生态环境治理现代化水平。

另一方面，强化目标协同、多污染物控制协同、部门协同、区域协同、政策协同，不断增强各项工作的系统性、整体性、协同性，全方位、全地域、全过程开展生态文明建设。

强化目标协同。自觉把生态环境保护工作融入经济社会发展大局，一体化推进各项工作，在发展方式绿色转型、生态环境治理、生态保护修复、碳达峰碳中和等多重目标中寻求动态平衡。

强化多污染物控制协同。对颗粒物、二氧化硫等污染物和温室气体实施协同控制，强化氮氧化物、挥发性有机物（VOCs）协同减排，遵循减污降碳的内在联系和规律，增强减污与降碳的协调性。

强化部门协同。加强多部门、全链条协调联动，不断完善跨部门协同长效工作机制，充分发挥各部门职能作用，推动形成齐抓共管、共同推进美丽中国建设的强大合力。

强化区域协同。推进区域流域生态环境保护信息共享、联合监测、共同执法、应急联动，强化生态环境共保联治。以实施国家区域协调发展战略为契机，加强区域流域绿色发展协作。

强化政策协同。加强市场、区域、科技、环保等政策协调配合，推动财税、金融、投资、价格、产业、区域、科技等政策与环保政策统筹，形成推动绿色低碳发展的政策合力。

在新征程上，锚定美丽中国建设目标，要深刻理解和把握正确处理重点攻坚和协同治理的关系的重大意义和丰富内涵，以生态环境质量改善为核心，以推进绿色低碳发展为导向，以有效防范生态环境风险为底线，做足统筹协调的大文章，加快推进人与自然和谐共生的现代化，推动美丽中国目标一步步变为现实。

正确处理自然恢复和
人工修复的关系[*]

◇ 正确处理自然恢复和人工修复的关系，是以最小的人工干预、最小的代价进行整体保护、系统修复、综合治理。

◇ 采取自然恢复措施，并不是完全顺其自然，也要充分发挥人的主观能动性，加快生态系统恢复进程；采取人工修复措施，也要尊重自然规律，不能忽略生态系统的自然规律和属性肆意妄为，人工修复最终是为了给后续自然恢复创造条件。

◇ 对于大部分区域的生态系统实行以自然恢复为主，最大限度地保留和维持原有生态系统自我调节能力，而对于已经受损或被破坏的生态系统，由于其原有的生态平衡已被打破，单独依靠自然恢复很可能无法逆转，或逆转周期长，必须借助适度的人工修复措施，加速恢复进程、提升恢复效能。

习近平总书记在全国生态环境保护大会上强调，继续推进生态文明建设

---

* 原文刊登于《瞭望》2024 年第 38 期，作者：俞海、张蒙。

需要正确处理"五个重大关系",自然恢复和人工修复的关系是其中之一。

正确处理自然恢复和人工修复的关系是遵循自然规律,积极有效开展生态保护修复的实践要求。我们要深刻领会、积极贯彻其蕴含的马克思主义立场、观点、方法,指导生态保护修复实践,努力找到生态保护修复的最佳解决方案,不断厚植美丽中国建设的生态根基。

正确处理自然恢复和人工修复的关系具有重要意义

习近平总书记强调,尊重自然、顺应自然、保护自然,促进人与自然和谐共生,是中国式现代化的鲜明特点。要牢固树立和践行绿水青山就是金山银山的理念,以高品质的生态环境支撑高质量发展。

正确处理自然恢复和人工修复的关系是践行习近平生态文明思想的必然要求。

正确处理自然恢复和人工修复的关系,蕴含中华农耕文明的生态智慧。《孟子》有言:"不违农时,谷不可胜食也;数罟不入洿池,鱼鳖不可胜食也;斧斤以时入山林,材木不可胜用也。"《荀子》中有"草木荣华滋硕之时,则斧斤不入山林,不夭其生,不绝其长也"的记述。这些观念都蕴含着根据季节时令规律恢复保护生态、发展生产的智慧。自古以来,我国劳动人民运用的封山育林、休耕轮种、植树造林、退耕还林还草、禁伐限伐、禁牧休牧、禁渔休渔等措施都是结合自然恢复和人工修复的宝贵经验,对促进自然生态系统的平衡稳定发挥了重要作用。

正确处理自然恢复和人工修复的关系,能够指导改善人与自然的关系。生态问题的发生、生态系统的破坏往往是由于人类生产生活向自然界的强势延伸严重干扰了生态系统的演替规律，进而打破了人与自然和谐共生的生态平衡状态。自然恢复和人工修复是使生态系统重新达到动态平衡的两种重要手段，本质上是重新调整人与自然的关系。

正确处理自然恢复和人工修复的关系是建设美丽中国的重要保障。

有利于筑牢生态安全屏障。我国许多地区地处大江大河上游，是中华民族的生态屏障。在围绕构建"三区四带"国家生态安全屏障，有序推进全国重要生态系统保护和修复重大工程时，需要把眼光放长远些，坚持加强生态保护，处理好自然恢复和人工修复的关系，推动构建稳定的生态系统格局，为中华民族永续发展保护好本钱、为美丽中国建设奠定坚实的生态根基。

有利于提升生态系统多样性、稳定性、持续性。当前，我国生态系统面临的保护形势依然严峻，全国约 40% 的自然生态系统质量等级偏低，部分区域水源涵养、土壤保持、生物多样性维护等生态系统服务功能失衡，生态敏感脆弱区的生态退化风险加剧，自然资源过度开发和不合理利用问题依然存在。正确处理自然恢复和人工修复的关系，有助于杜绝生态修复中的形式主义，科学高效地解决生态问题，恢复生态系统自我调节能力，为改善生态系统质量、提升生态系统多样性、稳定性、持续性提供保障。

有利于提供生态产品价值实现的源头活水。良好的生态环境蕴含着无穷的经济价值，对生态保护修复的投入就是对生态产品生产的投入，生态功能提升就等于生态产品质量的提高。处理好自然恢复和人工修复的关系，有助于培育大量优质生态产品走向市场，让生态优势源源不断地转化为发展优势；有助于生态产品价值实现对生态保护修复的反哺，激发生态修复和绿色产业融合发展潜力；更有助于扩大生态环境容量，让美丽中国"颜值"更靓、"绿色家底"更厚。

正确处理自然恢复和人工修复的关系是促进高水平保护的应有之义。

有利于推动生态系统质量持续向好。正确处理自然恢复和人工修复的关系，有利于筑牢生态安全屏障，持续提升生态系统多样性、稳定性、持续性，促使生态系统正向演替和生态质量改善持续稳定向好。经过多年不断努力，我国森林面积和森林蓄积量连续30多年保持"双增长"，荒漠化、沙化土地面积连续4个监测期实现"双缩减"，实现由"沙进人退"到"绿进沙退"的历史性转变，全国生态状况总体稳中向好。

有利于促进生态保护修复手段更加科学。生态保护修复需要尊重客观事实，研判生态问题发生规律，分析生态质量改善的主要矛盾和矛盾的主要方面，科学、灵活运用自然恢复和人工修复两种手段，做到问题精准、时间精准、区位精准、对象精准、措施精准。以作为联合国首批十大"世界生态恢复旗舰项目"之一的"中国山水工程"为例，其始终强调遵循自然生态系统演替规律和内在机理，根据生态系统退化、受损程度和恢复力，合理选择保育保护、自然恢复、辅助再生和生态重建等措施，恢复生态系统结构和功能。

有利于支撑经济社会高质量发展。正确处理自然恢复和人工修复的关系，是以最小的人工干预、最小的代价进行整体保护、系统修复、综合治理，以此增加优质生态产品供给，提升生态系统水源涵养、土壤保持、防风固沙、固碳等调节服务，使良好的生态系统、丰富的物种和遗传资源多样性成为经济高质量发展的重要支撑。

自然恢复和人工修复两种手段相辅相成

习近平总书记强调，要坚持山水林田湖草沙一体化保护和系统治理，构建从山顶到海洋的保护治理大格局，综合运用自然恢复和人工修复两种手段，持之以恒推进生态建设。

自然生态系统是一个有机生命躯体，有其自身发展演化的客观规律，具有自我调节、自我净化、自我恢复的能力。治愈人类对大自然的伤害，首先要充分尊重和顺应自然，给大自然休养生息足够的时间和空间，依靠自然的力量恢复生态系统平衡。

为促进自然生态系统恢复，我国创新实施生态保护红线制度，将 30% 以上的陆域国土面积纳入生态保护红线，有效地保护了绝大多数的生态功能极重要区、生态环境极敏感脆弱区和珍稀濒危物种栖息地。三江源、大熊猫、东北虎豹、海南热带雨林、武夷山等首批国家公园将自然生态系统最重要、自然景观最独特、自然遗产最精华、生物多样性最富集的区域保护起来。我国实施的"长江十年禁渔"将河湖还给自然，万里长江得以休养生息。如今，江豚群体出现的频率显著增加，赤水河鱼类资源量达到禁捕前的 1.95 倍。事实证明，当我们还自然以和谐宁静，自然就会还我们一片蓬勃生机。

自然恢复的局限和极限给人工修复留下了积极作为的广阔天地。当生态系统受到严重损害或者破坏时，仅依靠自然的力量往往难以奏效。这就对人工修复提出了更高要求，也给我们留下了积极作为、充分发挥主观能动性的广阔空间。人工修复以恢复生态学为理论基础，施以科学的人工干预，借助适当的人工修复措施，改变制约环境的主要因素，尽快遏制生态系统退化，促进生态系统正向演替，加快生态修复的速度，为生态系统休养生息争取时间、创造条件。

几十年来，我国开展了全球最大规模的生态系统修复工作，治理荒漠化、石漠化、水土流失、草原沙化退化，退耕还林还草还湿还湖还海，取得的成就举世瞩目：河北塞罕坝林场几代人持续造林护林 100 多万亩[①]，将原来"黄沙遮天日，飞鸟无栖树"的荒山秃岭修复成"蓝天白云游，绿野无尽头"的"华北绿肺"；自新中国成立以来，山西右玉县 22 任县委书记带领全县人民治理荒漠化、恢复生态；新疆阿克苏植树治沙三十载，"风沙之源"变"绿洲果园"；甘肃古浪县八步沙林场"六老汉"三代人治沙造林，创造了人工修复的奇迹。

自然恢复和人工修复都是对已经受损或退化的生态系统采取的行之有效的生态保护修复手段，二者相辅相成、互为补充。人工修复的优点是可在短期内促进和恢复自然生机，缺点是成本高，修复后的生态系统抗干扰能力弱，稳定性与适应性较自然恢复的生态系统差。相比之下，依靠大自然的力量恢复生态成本低，恢复后的生态系统结构与功能更稳定，但周期长、见效慢，难以恢复结构受损严重的生态系统。

采取自然恢复措施，并不是完全顺其自然，也要充分发挥人的主观能动性，加快生态系统恢复进程；采取人工修复措施，也要尊重自然规律，不能忽略生态系统的自然规律和属性肆意妄为，人工修复最终是为了给后

[①]　1 亩≈667 平方米

续自然恢复创造条件。

正确处理自然恢复和人工修复的关系，应当注重尊重自然生态系统演化规律与发挥人的主观能动性的统一，目的是综合运用自然恢复和人工修复两种手段，提高生态保护与修复的科学性和针对性。

努力找到生态保护修复的最佳解决方案

习近平总书记强调，要把自然恢复和人工修复有机统一起来，因地因时制宜、分区分类施策，努力找到生态保护修复的最佳解决方案。

坚持系统观念。生态保护修复需要统筹考虑生态系统的完整性、自然地理单元的连续性、环境要素的复杂性、经济社会发展的可持续性，从自然生态系统演替规律和内在机理出发，统筹兼顾、整体施策。既考虑自然恢复的长期性，也考虑工程项目的短期性，明确生态修复的阶段划分与措施布置，做到时间上的长短结合。最大限度地弱化人对生态系统的干预，着力提高生态系统自我修复能力，不断增强生态系统的稳定性，促进自然生态系统质量的整体改善和生态产品供给能力的全面增强。

尊重自然规律。生态保护修复必须处理好自然恢复和人工修复的关系，要尊重生态系统内在机理和必然联系，深刻把握生态保护修复系统性、完整性和原真性内涵，重视各种刚性约束，适应地带性规律，坚决克服各类违背自然规律的伪生态、假生态修复。生态保护修复贵在回归本真，必须跳出"改造自然"的思维惯性，运用基于自然的解决方案，发挥自然生态系统内在的自我修复功能，采取保育保护、人工辅助等方法，助力生态系统恢复和生态系统服务功能提升。

坚持因地因时制宜、分区分类施策。我国幅员辽阔，自然条件复杂，生态修复要根据紧迫性和适宜性，因地因时制宜、分区分类施策。要根据生态系统受损程度选择修复方式。对于大部分生态系统实行以自然恢复为主，最大限度地维持原有生态系统自我调节能力。对于已经受损或被破坏的生态系统，由于其原有的生态平衡已被打破，单独依靠自然恢复很可能无法逆转，或逆转周期长，必须借助适度的人工修复措施，加速恢复进程、提升恢复效能。

对于严重透支的草原、森林、河流、湖泊、湿地、农田等生态系统，严格推行禁牧休牧、禁伐限伐、禁渔休渔、休耕轮作。对于水土流失、荒漠化、石漠化等生态退化突出问题，坚持以自然恢复为主、辅以必要的人工修复，宜林则林、宜草则草、宜沙则沙、宜荒则荒。城市特别是超大特大城市和城市群，积极探索自然恢复和人工修复深度融合的新路径，让城市更加美丽宜居。

正确处理外部约束和
内生动力的关系 *

◇ 常态化外部约束可以循序渐进上升为内生动力，内生动力则可以反作用于外部约束，提升约束效果、减轻约束成本。

◇ 在坚持用最严格制度、最严密法治保护生态环境的同时，建立健全以绿色发展为导向的科学考核评价体系，完善生态保护补偿制度和生态产品价值实现机制，真正让保护者、贡献者得到实惠。

◇ 不断健全激励约束并重的源头预防、过程控制、损害赔偿、责任追究的全过程生态环境保护现代治理体系。

2023 年 7 月，习近平总书记在全国生态环境保护大会上深刻阐述了新征程上继续推进生态文明建设需要正确处理的"五个重大关系"，其中之一是"外部约束和内生动力的关系"。

深入学习贯彻习近平生态文明思想，必须准确理解和把握外部约束和

---

* 原文刊登于《瞭望》2024 年第 39～40 期，作者：黄威、郭林青。

内生动力的科学内涵，正确处理两者关系，始终坚持用最严格制度、最严密法治保护生态环境，保持常态化外部压力，同时激发起全社会共同呵护生态环境的内生动力，加快推进生态文明建设，助力人与自然和谐共生的现代化。

外部约束和内生动力是相互依存、相互促进的有机整体

习近平总书记强调，良好生态环境是最公平的公共产品，是最普惠的民生福祉。要发挥这一公共产品的最大效用，让人民群众在美丽家园中共享自然之美、生命之美、生活之美，防止过度索取、肆意破坏，就要有明确的边界、严格的制度，做到取用有节、行止有度，这就离不开强有力的外部约束。生态环境没有替代品，用之不觉、失之难存，不仅关系经济发展质量，而且攸关每个人的生活品质。只有人人动手、人人尽责，激发起全社会共同呵护生态环境的内生动力，才能让中华大地蓝天永驻、青山常在、绿水长流。

在推动生态文明和美丽中国建设过程中，不仅会出现人与自然的矛盾，而且会涉及人与人、人与社会的环境利益之争。妥善解决这些矛盾与争端，既需要来自外部的法律约束，也需要每个人内生的道德标尺。法律依靠国家强制力保障实施，惩罚环境违法行为；道德存于内心，要求每个人对破坏自然环境的行为实行自我约束。我国历来就有德主刑辅、礼法并用的思想，推动生态文明建设，需在重视法律作用的同时，充分发挥道德教化作用，实现法律和道德相辅相成、法治和德治相得益彰。

一方面，欲知平直，则必准绳；欲知方圆，则必规矩。外部约束是充分激发内生动力的保障，实行严格的制度、严密的法治，能有效激发生态文明建设的社会力量，动员全社会以实际行动减少能源资源消耗和污染排放，为生态环境保护作出贡献。生态文明是一项长期的战略任务，制度、法治和社会期待等常态化外部压力有助于从思想、法律、体制、组织、作风等多个方面引导公众和社会组织共同参与生态文明建设，形成人人、事事、时时崇尚生态文明的社会氛围。

另一方面，天下之事，不难于立法，而难于法之必行。内生动力是外部约束得以实施的基础。生态文明建设离不开人民群众参与，只有每个人发自内心认同、遵守和维护生态文明建设法律法规和制度体系，在全社会形成守法光荣、违法可耻的社会氛围，外部约束才能最大限度地发挥作用。通过加强生态文明的理念宣传、法治教育、政策宣贯和文化传播，有助于全社会强化绿水青山就是金山银山理念，拓宽绿水青山向金山银山转化通道，使人民群众生态环境获得感、幸福感、安全感不断提升，使尊法守法成为全体人民共同追求和自觉行动，为实现人与自然和谐共生的现代化凝聚强大的支持力量。

同时，让人民群众共享生态文明建设成果，让保护者、贡献者得到实惠，也可以激发全体人民保护生态环境的思想自觉和行动自觉，放大外部约束作用，起到事半功倍的效果。

总体而言，常态化外部约束可以循序渐进上升为内生动力，内生动力则可以反作用于外部约束，提升约束效果、减轻约束成本，如车之两轮，缺一不可。

外部约束和内生动力是实现人与自然和谐共生的必然要求

习近平总书记在四川翠云廊考察时指出，这片全世界最大的人工古柏林，之所以能够延续得这么久、保护得这么好，得益于明代开始颁布实行"官民相禁剪伐""交树交印"等制度，一直沿袭至今、相习成风，更得益于当地百姓世代共同守护。

正确处理外部约束和内生动力的关系充分体现了外因与内因辩证统一、相互联系、互相转化的唯物辩证法原理，既是实践的经验总结，又是理论的高度概括，标志着我们党对生态文明建设的规律性认识又有了进一步深化和发展。

从哲学角度看，内因和外因共同推动事物变化发展。从人们参与生态文明建设的内因上看，生态文明是人民群众共同参与、共同建设、共同享有的事业，每个人都是保护者、建设者、受益者，每个人都有保护生态环境的责任，同时享受生态保护的成效，优美的生态环境符合人民对美好生活的向往。从人们落实生态环境保护的外因上看，不能忽视最严格制度、最严密法治对建设生态文明的重要作用，要严格用制度和法治管权治吏、护蓝增绿，有权必有责、有责必担当、失责必追究，保障生态文明建设部署落地见效，同时，通过外部约束将人民群众保护环境的内生动力巩固为必要的责任。

从历史角度看，外部约束和内生动力始终并驾齐驱。就内生动力而言，中华文明历来追求人与自然和谐共生，无论是儒家主张的"天人合一""天行有常"，还是道家提出的"道法自然""自然无为"，都强调要按照大自然规律活动，取之有时，用之有度。此外，历朝历代均有保护环境的社会风气和共识。唐代白居易、柳宗元等在任刺史期间，组织劳力栽种树木、绿化荒山；董仲舒在《春秋繁露》中提到："质于爱民，以下至于鸟兽昆虫莫不爱。不爱，奚足谓仁？"就外部约束而言，在"民惟邦本""唯治为法"理念下，我国古代很早出台了虞衡制度，把关于自然生态的观念上升为国家管理制度，制定保护自然的政策法令。周朝《伐崇令》规定："毋坏室，毋填井，毋伐树木，毋动六畜。"秦代《田律》、唐朝《唐律》等都有保护生态环境的相关禁令。

从实践角度看，外部约束和内生动力都在发挥重要作用。一方面，面对一些群众反映强烈的突出环境问题，执法部门敢于"亮剑"，重拳出击。2023 年，全国各级生态环境部门共下达环境行政处罚决定书 7.96 万份，罚没款金额 62.7 亿元。各级公安机关共立案侦办破坏环境资源保护刑事案件 6.6 万起，破案 5.6 万起。另一方面，把每个人的积极性、主动性、创造性调动起来，形成美丽中国全民行动的格局，打造出人与自然和谐共生的美好未来。近年来，在绿水青山就是金山银山理念指引下，全国各地积极探索生态产品价值实现路径，探索出生态美、产业兴、百姓富的高质量绿色发展之路，全社会呵护生态环境的内生动力不断增强，"保护生态环境就是保护生产力，改善生态环境就是发展生产力"日益成为广泛共识。捡拾垃圾、巡河护林、环境公益诉讼、生物多样性保护等生态环境志愿服务进行得如火如荼；垃圾分类、绿色出行、光盘行动、低碳生活等绿色生活方式成为社会新风尚，实现了从"要我环保"到"我要环保"的重要转变。

因此，在推动实现人与自然和谐共生的现代化进程中，外部约束和内生动力既是个人生存和价值体现的必然要求，也是生态文明建设和人类命运共同体构建的必然要求。

"内外兼修"保障生态文明建设行稳致远

当前，我国经济社会发展已进入加快绿色化、低碳化的高质量发展阶段，生态文明建设仍处于压力叠加、负重前行的关键期，生态环境保护结构性、根源性、趋势性压力尚未根本缓解，经济社会发展绿色转型内生动力不足，美丽中国建设任务依然艰巨。

我们必须准确把握外部约束和内生动力的辩证统一关系，紧紧围绕生态文明和美丽中国建设目标，在坚持用最严格制度、最严密法治保护生态环境的同时，建立健全以绿色发展为导向的科学考核评价体系，完善生态保护补偿制度和生态产品价值实现机制，让保护者、贡献者得到实惠；加强生态文化教育，激发全民的节约意识、环保意识，把法律的震慑力、制度的约束力、文化的影响力贯通起来，一体推进、同向发力。

坚持在法治轨道推进生态文明建设。深入学习贯彻习近平生态文明思想和习近平法治思想，充分发挥法治固根本、稳预期、利长远的保障作用，有机结合生态文明法治目标和任务，构建科学严密、系统完善的生态环境保护法律法规体系，着力解决违法成本过低、处罚力度不足问题，统筹解决生态环境领域法律法规存在的该硬不硬、该严不严、该重不重问题，以法治理念、法治方式推动形成人与自然和谐共生的现代化建设新格局。

着力推动激励约束并重的生态环境治理体系。把制度建设作为推进生态文明建设的重中之重，不断健全激励约束并重的源头预防、过程控制、损害赔偿、责任追究的全过程生态环境保护现代治理体系。

把建设美丽中国转化为全体人民的自觉行动。在法律法规和制度体系等硬约束的基础上，弘扬生态文明理念，营造爱护生态环境的良好风气，让生态文化、生态道德成为全社会共同的价值理念和行为准则，让绿色低碳生活方式成风化俗。

综上所述，推进生态文明建设需要一体推进外部约束和内生动力，不能畸轻畸重，也不能单兵突进，必须加强顶层设计、整体谋划，使之相互配合、协同高效。

正确处理"双碳"承诺和自主行动的关系 *

◇ 解决中国的问题，提出解决人类问题的中国方案，要坚持中国人的世界观、方法论。

◇ 大力推动我国新能源高质量发展，为共建清洁美丽的世界作出更大贡献；同时，传统能源逐步退出必须建立在新能源安全可靠的替代基础上。

◇ 我们在推动实现"双碳"目标过程中，不能"碳冲锋"，也不能"运动式减碳"，要确保减排成本和效益达到最优，不断提高经济社会发展的质量和效益，筑牢人民幸福安康的现实保障。

在 2023 年召开的全国生态环境保护大会上，习近平总书记深刻阐述了新征程上继续推进生态文明建设必须正确处理的"五个重大关系"，其中之一是"'双碳'承诺和自主行动的关系"。我们必须充分认识实现"双碳"目标的重要性，正确处理"双碳"承诺和自主行动的关系，既要有践

* 原文刊登于《瞭望》2024 年第 41 期，作者：田春秀、王敏。

信守诺、坚定推进的勇气，又要有稳扎稳打、善作善成的智慧。

正确认识"双碳"承诺和自主行动的关系

习近平总书记指出，推进碳达峰碳中和是党中央经过深思熟虑作出的重大战略决策，是我们对国际社会的庄严承诺，也是推动经济结构转型升级、形成绿色低碳产业竞争优势，实现高质量发展的内在要求。这不是别人要我们做，而是我们自己必须要做。我们承诺的"双碳"目标是确定不移的，但达到这一目标的路径和方式、节奏和力度则应该而且必须由我们自己作主，决不受他人左右。

推进"双碳"是我国进入新发展阶段面临的迫切需要。当前，我国进入新发展阶段，推进"双碳"工作是破解资源环境约束突出问题、实现可持续发展的迫切需要；是顺应技术进步趋势、推动经济结构转型升级的迫切需要；是满足人民群众日益增长的优美生态环境需要、促进人与自然和谐共生的迫切需要；是主动担当大国责任、推动构建人类命运共同体的迫切需要。我们必须充分认识实现"双碳"目标重要性，增强推进"双碳"工作信心。

现阶段，我国产业、能源和交通运输结构以及生活方式等绿色转型任务依然很重。我国生产和消耗了世界一半以上的钢铁、水泥、电解铝等原材料；2022 年，我国煤炭消费量仍占能源消费总量的 56.2%，公路货运量占比高达 73%，中重型新能源货车渗透率还不到 3%。推进实现碳达峰碳中和，有助于促进生产和生活方式绿色化、低碳化，也有利于加快构建以国内大循环为主体、国内国际双循环相互促进的新发展格局。

推进碳达峰碳中和是因为中国一直积极主动承担同自身国情相符的国

际责任。中国秉持人类命运共同体理念，积极参与全球环境治理，展现我国负责任大国形象；同时，我们要以更加积极的姿态参与全球气候治理，形成更加主动有利的新局面。2015 年 6 月 30 日，我国向《联合国气候变化框架公约》秘书处提交了应对气候变化国家自主贡献文件《强化应对气候变化行动——中国国家自主贡献》，提出二氧化碳排放 2030 年前后达到峰值并争取尽早达峰。2020 年 9 月 22 日，我国承诺二氧化碳排放力争于 2030 年前达到峰值，努力争取 2060 年前实现碳中和。此外，我国积极开展应对气候变化国际合作，承诺将大力支持发展中国家能源绿色低碳发展，不再新建境外煤电项目。

推进碳达峰碳中和必须立足实际国情，按照我国的节奏和力度自主行动。解决中国的问题，提出解决人类问题的中国方案，要坚持中国人的世界观、方法论。我国人均二氧化碳排放仍处在增长阶段，在中高速发展阶段寻求降碳的难度较大，并且从实现碳达峰到碳中和的时间只有 30 年，短于美国的 40 多年及欧盟的 70 多年。在这个阶段，中国须坚持降碳、减污、扩绿、增长协同推进，把实现减污降碳协同增效作为促进经济社会发展全面绿色转型的总抓手，加快推动产业结构、能源结构、交通运输结构、用地结构调整。我们要通盘谋划、先立后破、稳中求进，按照我国实现"双碳"目标的路径和方式、节奏和力度自主行动。

处理好"双碳"承诺和自主行动关系面临的关键问题

习近平总书记强调："实现'双碳'目标是一场广泛而深刻的变革，不是轻轻松松就能实现的。"

正确处理"双碳"承诺和自主行动的关系，是对促进经济社会发展全面绿色转型作出的战略部署，旨在解决好国内问题的同时，为全球环境治理作出中国贡献。在碳中和国际行动影响力不断扩大的背景下，我们要统筹处理好几个关键问题。

统筹新能源发展和国家能源安全。一方面，大力推动我国新能源高质量发展，为共建清洁美丽的世界作出更大贡献；另一方面，传统能源逐步退出必须建立在新能源安全可靠的替代基础上。

近年来，我国以风电、太阳能发电为代表的可再生能源发展成效显著，装机规模稳居全球首位，发电量占比稳步提升，成本实现快速下降，短时间内实现了可再生能源从跟跑、并跑到领跑的转变，成为全球可再生能源发电新增装机容量的最大贡献者。但也要看到，"十四五"前 3 年，我国能源消费年均增量是"十三五"的 1.8 倍，预计今后一个时期仍将维持刚性增长，统筹能源安全保障和低碳转型的难度加大。并且，我国富煤、贫油、少气，正处在转变发展方式、优化经济结构、转换增长动力的关键时期，工业化和城镇化进程持续推进，以煤为主的能源结构短期内难以根本改变。国际上，西方七国集团（G7）承诺在 2035 年前逐步淘汰煤电，但对我国而言，需在确保国家能源安全的基础上，因地制宜地推动落实符合实际的新能源发展路径。

统筹传统产业升级与新兴产业发展。首先，发展新质生产力不是忽视、放弃传统产业，传统产业改造升级也是发展新质生产力。当前，我国传统产业仍有较强国际竞争力，要持续巩固传统产业领先地位，改造提升传统产业。同时，优化调整产业结构，大力发展绿色低碳产业，使发展建立在高效利用资源、严格保护生态环境、有效控制温室气体排放的基础上。

统筹粮食保供与农业温室气体减排。我国用全球 9% 的耕地、6% 的淡水资源生产的粮食，养活了占全球近 20% 的人口，从中长期来看，我国粮食供求仍将处于一种紧平衡的态势，特别是仍需进口大量玉米和大豆。数据显示，2018 年我国农业温室气体排放量达到 7.93 亿吨二氧化碳当量，占全国温室气体排放总量的 6.1%。其中，水稻种植、动物肠道和动物粪便管理温室气体排放占比分别为 24.7%、28.7% 和 17.7%。随着居民对营养特别是肉类蛋白的消费需求不断增大，畜牧业温室气体减排压力将会更大。当前，中国正处在农业绿色转型与高质量发展的关键期，需统筹推进粮食保供与农业温室气体减排，实现"双碳"战略与粮食安全双赢。

统筹"双碳"目标和人民美好生活需要。"双碳"目标与满足人民日益增长的美好生活需要具有内在一致性，但是激进式减排会导致经济发展放缓，进而影响人们整体收入水平提升。我们在推动实现"双碳"目标过程中，不能"碳冲锋"，也不能"运动式减碳"，要确保减排成本和效益达到最优，不断提高经济社会发展的质量和效益，筑牢人民幸福安康的现实保障。

围绕"双碳"承诺扎实推进自主行动

"双碳"目标被提出 4 年来，我国绿色低碳发展迈出坚实有力步伐。2012—2023 年，我国以年均 3% 的能源消费增速支撑了年均超过 6% 的经济增长，单位 GDP 能耗下降 26.8%，单位 GDP 二氧化碳排放下降超 35%，主要资源产出率提高 60% 以上。特别是 2023 年，可再生能源发电总装机占比历史性超过煤电，非化石能源占一次能源消费比重由 2013 年的 10.2% 增长至 17.9%，电动汽车、锂离子蓄电池、太阳能电池等"新三样"产品合计出口突破万亿元。

实现碳达峰碳中和是中国高质量发展的内在要求，也是中国对国际社会的庄严承诺。中国将用相较欧盟、美国等经济体更短的时间完成全球最高的碳排放强度降幅，需要付出十分艰苦的努力，但我们守信践诺、坚定推进。

加快构建清洁低碳、安全高效的能源体系。实施可再生能源替代行动，加快发展光伏、风电，积极稳妥发展水电、核电，建设智能电网，适度超前部署一批氢能项目。深化电力体制改革，完善电价和电力调度交易机制，构建以新能源为主体的新型电力系统。控制化石能源总量，提高利用效能，加快煤炭减量步伐，确保"十四五"煤炭消费基本不增，"十五五"逐步下降。抓好煤炭清洁高效利用，发挥煤炭兜底保障和对新能源发展的支撑调节作用。把节约能源资源放在首位，一以贯之坚持节约优先方针，更高水平、更高质量地做好节能工作，用最小成本实现最大收益。

引导产业结构向更加绿色低碳的方向发展。优化调整产业结构，使发展建立在高效利用资源、严格保护生态环境、有效控制温室气体排放的基础上。大力发展战略性新兴产业、高技术产业、绿色环保产业、现代服务业。实施全面节约战略，推进节能、节水、节地、节材、节矿，加快构建废弃物循环利用体系，提高资源产出率。实施重点行业领域减污降碳行动，在工业领域推进绿色制造。推动传统行业工艺、技术、装备升级，不能当成"低端产业"简单退出。加快制定和推广绿色低碳贸易标准，加快与国际通行的绿色低碳标准接轨，进而提升绿色低碳产品的国际竞争力。

在粮食安全基础上推进农业温室气体减排。继续推动种植业温室气体减排，同时着力推进畜牧业绿色转型升级，围绕低消耗、低排放、高效率推动畜牧业技术研发，提升生产效率和产品品质，实现减污降碳协同增效。考虑提出一揽子创新激励政策，包括财政补贴、税收优惠、金融支持等，激励绿色低碳转型效果好的畜牧业企业或牧场。扎实开展美丽生态牧场创建，推动乳制品行业龙头企业试点建设。及时跟踪国际上推动农业温室气体减排的具体做法，提前做好发达国家碳定价机制对我国外贸影响的预判。

加强绿色低碳先进技术研发、推广和应用。抓紧部署低碳前沿技术研究，加快推广应用减污降碳技术，建立完善绿色低碳技术评估、交易体系和科技创新服务平台。建立重点行业绿色低碳技术项目储备库，组织实施一批符合方向要求、技术水平领先、减排效果突出的项目。完善市场导向的绿色技术创新体系，实施支持绿色低碳技术发展的财税、金融、投资、价格等相关政策。深化绿色技术国际交流合作，积极引进境外先进技术、管理理念和商业模式，鼓励外资投向绿色技术高端装备制造，积极开拓先进绿色技术和装备的国际市场。

开创合作共赢的应对气候变化治理新局面。作为负责任大国，中国要积极并深度参与全球气候治理，发挥大国引领和表率作用，不断凝聚国际共识。以更加积极的姿态参与气候谈判议程和国际规则制定，为推动构建公平合理、合作共赢的应对气候变化全球治理体系，不断贡献中国智慧和中国力量。在推动自身绿色低碳可持续发展的同时，积极开展应对气候变化南南合作，向广大发展中国家提供力所能及的支持和帮助，继续落实好应对气候变化南南合作"十百千"倡议和"一带一路"应对气候变化南南合作计划。

发展绿色生产力的价值意蕴
和世界意义[*]

内容提要：习近平总书记关于"新质生产力本身就是绿色生产力"的重要论断深刻阐明了新质生产力与绿色生产力的内在联系，揭示了绿色发展在人类社会发展中的重要作用，指明了人类社会高质量发展的变革方向，是对人类文明发展历史趋势的深邃洞察，对科技革命和产业变革方向的准确把握，对高质量发展形势要求的科学研判。绿色生产力把绿色纳入发展生产力的目标结构范畴，作为先进生产力的重要标志，作为生产力要素及其优化组合的变革方向，作为生产力跃升的重要动能，是习近平生态文明思想和习近平经济思想重大创新成果。发展绿色生产力将有效助推中国发展方式的绿色转型、产业结构的绿色重塑、碳达峰碳中和的绿色进程以及消费模式和发展动力的绿色变革，是建设人与自然和谐共生中国式现代化的加速器，为世界经济发展注入绿色动力，为发展中国家实现现代化提供绿色方案，也为全球可持续发展构建新引擎，将有力推动共建清洁美丽世界。

关键词：新质生产力；绿色生产力；绿色发展；生态文明

---

* 原文刊登于《当代中国与世界》2024 年第 2 期，作者：胡军、张强、宁晓巍、章甫。

生产力是人类社会发展的根本动力，人类文明发展史就是生产力演变和跃升的过程。2023 年 7 月以来，习近平总书记在四川、黑龙江、浙江、广西等地考察调研时提出，要整合科技创新资源，引领发展战略性新兴产业和未来产业，加快形成新质生产力。为推动高质量发展、推进和拓展中国式现代化指明了方向路径、提供了根本遵循，也为人类社会生产力跃迁和进步提供了科学指引，受到了国内国际广泛关注和研究探讨。2024 年 1 月 31 日，习近平总书记在主持二十届中共中央政治局第十一次集体学习时指出："新质生产力本身就是绿色生产力。"这一重要论断深刻阐明了新质生产力与绿色生产力的内在联系，揭示了绿色发展在人类社会发展中的重要作用，指明了人类社会高质量发展的变革方向，内涵丰富、意义重大，必将对中国和世界产生重大影响。当前，关于"新质生产力本身就是绿色生产力"这一论断的研究，仍处于不断深入的起步阶段。发展绿色新质生产力，需要正确理解和把握这一重要论断的理论内涵、价值意蕴与世界意义。

一、发展绿色生产力是顺应时代潮流和发展规律的战略选择

生产力，即生产能力及其要素的发展，是人类社会发展的基础。生产力的发展是衡量社会进步的重要标志，也是推动整个社会发展由低级到高级、由落后到先进的关键力量。纵观历史，生产力的演变与变迁从根本上改变了人类社会的发展进程，并遵循一定的规律。新质生产力由技术革命性突破、生产要素创新性配置、全要素生产率显著提升、产业深度转型升级而催生。绿色生产力作为新质生产力的重要方面，其产生也有着深刻的历史依据、时代背景、战略考量，既是对人类文明发展规律、生产力演进规律、现代化建设规律的深刻洞察，也是把握时代脉搏、顺应时代潮流、引领时代发展的战略选择。

（一）对人类文明发展历史趋势的深邃洞察

人与自然关系是人类社会最基本的关系。人类社会生产力发展建立在人与自然关系变化的基础上。在原始文明、农业文明时期，人类总体依从于自然，虽然人们改造自然、利用自然的能力不断提升，但仍未突破自然的限制。进入工业文明以来，人类改造自然和利用自然的能力大幅提升，创造了"比过去一切世代创造的全部生产力还要多、还要大"的成就。但与此同时，在人类中心主义与功利主义思想观念的支配下，人类对自然资源进行了掠夺性开发，不可避免地打破了生态系统固有的循环和平衡，产生了难以弥补的生态创伤，出现了气候变化、生物多样性丧失、环境污染等全球性生态危机，威胁人类自身生存和发展。

历史教训表明，依赖资源大量投入、大量消耗的传统增长模式的生产力发展路径难以为继。生态兴衰关系文明兴衰，如何实现人与自然和谐共处对人类社会生产力发展提出了新的要求。习近平总书记指出，杀鸡取卵、竭泽而渔的发展方式走到了尽头，顺应自然、保护生态的绿色发展昭示着未来。建设生态文明，推动绿色发展，是确保人类永续发展的必然要求，是人类文明发展的历史趋势。作为区别于工业文明的文明形态，生态文明迫切呼唤与之发展要求相适应的生产力发展样态。

（二）对科技革命和产业变革方向的准确把握

近现代史表明，每一次科技的重大创新与突破，都会极大地提高社会生产力，乃至改变社会生产方式、人类的生活方式，进而改变世界政治经济格局。自 18 世纪以来，世界先后经历了三次科技革命和产业革命。这三次革命，都大幅提高了人类改造自然利用自然的能力，但同时也带来了对自然开发利用强度和规模的大幅提升。

从人与自然关系来看，三次革命仍未摆脱以化石能源为基础的大量生产、大量消耗和大量排放的粗放型生产模式和增长方式。随着全球生态危机的蔓延以及资源能源危机的扩大，绿色化已成为新一轮科技革命和产业变革的趋势以及最富前景的发展领域之一。通过绿色科技对传统生产方式、增长模式进行绿色改造，实现人与自然的和谐共生，是新一轮科技革命和产业革命区别前三次革命的重要特征。

从世界范围来看，绿色低碳转型是经济结构升级的新方向。英国环境经济学家大卫·皮尔斯（David Preece）1996 年提出了绿色经济的概念，随后低碳经济、生态经济、生物多样性经济等概念也应运而生。联合国环境规划署于 2008 年提出了"全球绿色新政"和"发展绿色经济"的倡议。美国、欧盟、日本等发达国家和地区纷纷提出"绿色新政"或"绿色增长战略"，积极抢占绿色发展的制高点。

从现实来看，绿色能源技术创新已成为当前新一轮科技革命和产业革命的关键所在。在应对气候变化、保护地球家园全球共识的引领下，新能源科技快速发展，特别是光伏、风电、新型储能等技术的突飞猛进，带动了相关产业的蓬勃发展。

（三）对高质量发展形势和要求的科学研判

实现现代化是世界各国人民的共同追求。然而迄今为止，全球实现现代化的国家和地区不超过 30 个。生产力不仅是一个国家现代化水平和程度的集中体现，也是影响现代化进程的重要因素。在实现现代化过程中，无论是低收入阶段的"马尔萨斯陷阱"，还是解决温饱之后的"中等收入陷阱"，全要素生产率偏低是影响经济持续稳定增长的关键所在，本质是生产力"质态"的落后。这就要求从注重"量态"到注重"质态"的转变，进一步解放生产力、发展生产力，着力提升发展的质量和效益，实现高质量发展。

我国经过几十年的发展，创造了世所罕见的经济快速发展奇迹和社会长期稳定奇迹，迎来了从站起来、富起来到强起来的历史性飞跃。然而，作为14亿多人口的大国，资源能源约束紧、环境容量有限、生态系统脆弱是中国的基本国情，也是中国式现代化必须突破的"瓶颈"。同时，产业结构偏"重"、能源结构偏"煤"、资源能源利用效率较低以及未来需求仍会保持刚性增长等，进一步加剧了制约。此外，随着经济社会的发展，人民群众对优美生态环境的需要已经成为中国社会主要矛盾的重要方面之一，优质生态产品成为新的需求。历史和现实表明，中国要实现现代化，走欧美老路是行不通的，必须以高质量发展深入推进中国式现代化。高质量发展是绿色成为普遍形态的发展，中国经济社会发展已进入加快绿色化、低碳化的高质量发展阶段，推动经济社会发展绿色化、低碳化是实现高质量发展的关键环节。

二、发展绿色生产力是重大的理论创新和实践创新

生产力是一个历史的范畴，是不断向前发展的，不同历史时期的生产力具有不同的内涵、结构、模式和特征。新质生产力由创新起主导作用，需要摆脱传统经济增长方式、生产力发展路径，具有高科技、高效能、高质量特征，是符合新发展理念的先进生产力质态。其特点是创新，关键在质优，本质是先进生产力。作为全新的概念范畴，新质生产力是理论创新和实践创新的重大成果。绿色生产力作为新质生产力范畴的重要组成部分，具有丰富的内涵和创新特征，是对马克思主义生产力理论和人与自然关系思想的又一重大创新，也是习近平经济思想和习近平生态文明思想的创新成果。

（一）把绿色纳入发展生产力的目标结构范畴

由法国经济学家、重农学派创始人弗朗斯瓦·魁奈（Francois Quesnay）首次提出"生产力"概念以来，其内涵及其理论不断丰富和发展。从生产力理论演变来看，早期生产力理论经历了从最初的土地生产力到劳动生产力，再到社会生产力的发展过程。总体来说，传统生产力理论，把自然作为工具，将生产力视为人类改造自然、征服自然的能力，实质是人与自然对立的生产力观。而绿色经济、低碳经济、生态经济等也大都倾向于将大自然视为人类经济的外部因素。生产力理论是马克思主义理论的核心之一。马克思提出了自然生产力的概念，承认自然在生产过程中的重要作用，并揭示了资本主义是造成生态危机的源头，还预见性地发现人类的生态需要，成为人与自然和谐共生生产力观的重要源头。随着生态环境危机的显现和蔓延，基于马克思主义的"生态生产力"逐渐进入理论的视野，强调生产方式的生态化改造、自然价值的保护等。

中国在推进现代化的过程中，运用和发展马克思主义生产力理论，经历了发展生产力、解放生产力、保护生产力的认识和实践过程，提出了"保护生态环境就是保护生产力，改善生态环境就是发展生产力""绿水青山就是金山银山"等理念。绿色生产力一方面将绿色作为生产力的价值追求，另一方面将产业生态化、生态产业化及绿色驱动整合统一，实现了生产力观的跃升。

（二）把绿色作为先进生产力的重要标志

生产力发展的规律就是先进生产力取代落后生产力，新生产力不断取代旧生产力，从而实现生产力现代化的过程。新质生产力代表一种生产力的跃迁，本质是新的高水平现代化的先进生产力。一方面，新质生产力具有高科技、高效能、高质量特征，以全要素生产率大幅提升为核心标志。如果一种新的生产方式或组织模式在提高产出的同时，在全生命周期和全要素维度上增加了能源资源消耗和生态环境影响，那这种生产方式或组织模式必然无法满足"全要素生产率大幅提升"的要求，就不属于新质生产力。另一方面，对生产力的"质态"关切，超越对生产力的"量态"关切，是新质生产力重要的经济学属性。发展新质生产力是推动高质量发展的内在要求和重要着力点。而高质量发展是要实现经济发展从"有没有"向"好不好"的转变，要求摆脱简单以国内生产总值增长率论"英雄"，实现更高质量、更有效率、更加公平、更可持续、更为安全的发展。绿色是高质量发展的底色，绿色成为普遍形态是高质量发展的特征之一。发展新质生产力，就要坚持走生态优先、节约集约、绿色低碳发展之路，在经济发展中促进绿色转型、在绿色转型中实现更大发展，降低"含碳量"，增加"含绿量"。

（三）把绿色作为生产力要素及其优化组合的变革方向

新质生产力以劳动者、劳动资料、劳动对象及其优化组合的跃升为基本内涵。一方面，新质生产力对劳动者、劳动资料、劳动对象提出了新的更高要求。新质生产力本身就是绿色生产力，内在要求生产力各要素具备绿色属性和特征。从劳动者来看，新质生产力要求劳动者具有生态文明意识，更为重要的是具备绿色技术创新能力，以适应和满足科技革命与产业革命绿色化的需求。从劳动资料来看，新质生产力的发展迫切需要加快绿色低碳技术等生产资料的创新发展。从劳动对象来看，新质生产力要求将传统劳动对象拓展创新到新能源、新材料、数据、信息等具有可持续性特征的劳动对象，并且强调传统劳动对象特别是资源环境的可持续性利用。另一方面，生产力各要素的高效率配置是实现生产力跃迁、形成新质生产力的必要条件。经济社会全面绿色转型是新质生产力的必然要求。从这个角度出发，生产力要素优化组合要把绿色、低碳、循环作为根本要求，站在人与自然和谐共生的高度谋划发展，正确处理高质量发展和高水平保护的关系，着力构建绿色低碳循环经济体系，协同推进降碳、减污、扩绿、增长，创新生态文明体制机制，有效降低发展的资源环境代价。

（四）把绿色作为生产力跃升的重要动能

创新是新质生产力的显著特点。绿色是科技革命和产业革命的趋势，绿色生产力在推动新质生产力发展中具有重要作用。绿色生产力以新技术和新要素的优化组合提升绿色全要素生产率，同时以绿色健康的生活方式和优质生态产品为需求牵引催生新消费、新产品、新产业、新市场，推动发展模式、供应模式、消费模式的变革。此外，绿色生产力以现代化治理水平提升环境治理效率。而且，绿水青山就是金山银山，生态本身就是一种经济。当前，以绿色为鲜明特征的新质生产力加速发展。绿色产业正在孕育新技术、催生新业态、创造新供给、形成新需求等方面发挥巨大作用，为高质量发展提供强大绿色发展动能。

发展新质生产力，加快构筑新质生产力竞争优势，必须加快绿色科技创新，大力推进绿色发展，发展绿色生产力，助推经济社会发展质量变革、效率变革、动力变革。一方面，要把绿色作为科技创新的主攻方向之一，加快绿色低碳技术的攻关，增强绿色技术供给，壮大绿色技术创新主体，加快绿色技术转化应用，赋能传统产业，培育新的绿色增长点；另一方面，要大力发展绿色经济，加快绿色战略性新兴产业和未来产业布局，特别是加强数字化和绿色化的协同推进，不断塑造发展的新动能、新优势，持续增强发展的潜力和后劲。

三、发展绿色生产力是建设人与自然和谐共生的现代化的加速器

新质生产力具有革命性突破和颠覆性创新的特征，实现了对生产力内涵要求、要素结构、路径模式、动力机制等的全面跃升。发展新质生产力是推进中国式现代化的必然要求，也是推进中国式现代化的关键力量，为中国式现代化注入了强劲动力。中国式现代化是人与自然和谐共生的现代化，促进人与自然和谐共生是中国式现代化的本质要求。发展新质生产力需要把绿色生产力摆在突出重要位置，加快推动绿色发展。发展绿色生产力，将有力促进中国推动产业结构调整、污染治理、生态保护、应对气候变化以及实现经济社会发展的全面绿色转型，加速人与自然和谐共生现代化的进程。

（一）助推发展方式的绿色转型

党的十八大以来，我国大力推进绿色低碳循环发展，取得显著成效。

2012 年以来，我国以年均 3% 的能源消费增速支撑了年均超过 6% 的经济增长。2012—2023 年，我国单位 GDP 能耗下降 26.8%，主要资源产出率提高 60% 以上。2021 年万元国内生产总值用水量、单位国内生产总值建设用地使用面积比 2012 年分别下降 45% 和 40.85%。主要污染物排放也大幅下降。2013—2022 年，中国在 GDP 翻一番的情况下，$PM_{2.5}$ 平均浓度下降了 57%，重污染天数减少了 93%，成为全球空气质量改善速度最快的国家。但与此同时，我国的资源能源效率与发达国家相比仍有很大差距，仍居高位。同时我国城镇化进程尚未结束，能源资源需求仍会保持刚性增长。以发展绿色生产力为引领，我国将实施全面节约战略，持续深化重点领域节能，加快构建废弃物循环利用体系，力争到 2035 年能源和水资源利用效率达到国际先进水平。

（二）助推产业结构的绿色重塑

党的十八大以来，我国以创新驱动为引领塑造经济发展新动能、新优势，以资源环境刚性约束推动产业结构深度调整，推进供给侧结构性改革。累计退出钢铁落后产能 1.5 亿吨以上，完成钢铁全流程超低排放改造 1.34 亿吨，压减粗钢产量超 4 000 万吨。2023 年，我国高技术制造业、装备制造业增加值占规模以上工业增加值比重分别达到 15.7% 和 33.6%，绿色工厂产值占规模以上制造业产值比重超过 17%。我国新能源汽车产销量连续 9 年位居全球第一，光伏组件产量连续 16 年位居世界首位，风电机组制造产能占全球六成，成为新的经济增长点。但是，中国产业结构偏重及高耗能、高碳排放特征依然突出，还存在各行业绿色转型进程不同步、东中西部面临的绿色转型问题各不相同等。传统产业体量大，在制造业中占比超过 80%。以发展绿色生产力为引领，我国将推进产业数字化、智能化同绿色化深度融合，加快建立健全绿色低碳循环发展经济体系。

（三）助推碳达峰碳中和的绿色进程

2020 年，习近平主席宣布将力争于 2030 年前实现碳达峰、2060 年前实现碳中和，用全球最短的时间实现从碳达峰到碳中和。经过几年的努力，我国已构建起目标明确、分工合理、措施有力、衔接有序的碳达峰、碳中和"1+N"政策体系，形成各方面共同推进的良好格局。一方面，能源绿色转型步伐加快，建成全球规模最大的电力供应系统和清洁发电体系，可再生能源装机规模历史性超过煤电装机。2012—2023 年，单位 GDP 二氧化碳排放下降超 35%，煤炭消费比重下降了 13.2 个百分点，非化石能源消费比重提高了约 8.8 个百分点。另一方面，中国降碳时间紧，规模大，产业结构、能源结构、交通结构等调整交织，而且石油、天然气严重依赖进口，保障能源安全面临较大压力，实现"双碳"目标仍面临较大挑战。以发展绿色生产力为引领，我国将坚持先立后破，加快规划建设新型能源体系，开展多领域多层次减污降碳协同创新试点，推动能耗双控逐步转向碳排放总量和强度双控，推进生态系统碳汇能力巩固提升行动，有计划、分步骤实施碳达峰行动，力争如期实现目标。

（四）助推消费模式和发展动力的绿色变革

党的十八大以来，在习近平生态文明思想指引下，"绿水青山就是金山银山"成为我国共识和行动，全社会生态文明意识显著提升，形成全社会共同推进绿色发展的良好氛围。一方面，绿色生活方式渐成时尚，绿色产品消费日益扩大，新能源汽车年销量从 2012 年的 1.3 万辆快速提升至 2023 年的 950 万辆；另一方面，中国巨大的传统产业绿色升级改造需求和绿色消费需求正在催生世界上规模最大的绿色市场。多数研究认为，中国实现"双碳"目标需要的投资规模在 100 万亿元以上。我国已建成全球覆盖温室气体排放量最大的碳市场，截至 2023 年底，全国碳排放权交易市场累计成交量达到 4.4 亿吨，成交额约 249 亿元。数据显示，我国已成为全球最大的绿色信贷市场和第二大的绿色债券市场。此外，我国已成为全球第一大环境产品出口国，环境产品出口市场份额达到 22.2%。这些都进一步表明，绿色已经成为我国实现高质量发展和新质生产力的新动力、新引擎。以发展绿色生产力为引领，我国将全面推进美丽中国建设，深入开展美丽中国建设全民行动，持续深入推进污染防治攻坚，提升生态系统多样性、稳定性、持续性，提供更多优质生态产品，以高水平保护培育新动能新优势，促进加快形成人与自然和谐共生的发展格局。

四、发展绿色生产力为全球共建清洁美丽世界提供新动能

新质生产力已经在我国实践中形成并展示出对高质量发展的强劲推动力、支撑力。新质生产力是我国提出的原创性概念，同时也是对生产力发展面临的世界之问、时代之问等全球性问题的回答，其具备马克思主义科学性、真理性的特征，不仅对推进中国式现代化和高质量发展具有重要意义，也将为世界其他国家和地区发展带来新动力、新机遇。人与自然是生命共同体，人类是命运共同体，建设美丽家园是人类的共同梦想。绿色生产力具有全球共通性，将为共建清洁美丽世界提供新动能。

（一）为世界经济发展注入绿色动力

当前，世界正处于百年未有之大变局，全球经济持续面临复苏滞缓、增长乏力、不确定性增加的低迷形势，同时逆全球化思潮也加速全球经济分裂，急需新的动能。绿色生产力在推动全球发展中的作用逐步凸显，联合国积极呼吁和推进投资绿色、投资自然。一方面，发展绿色生产力带动绿色低碳投资的新需求。根据联合国的测算，要实现《巴黎协定》的气温上升控制目标，全球需要总投资大约为90万亿美元。这将为全球经济发展带来巨大推力。

另一方面，发展绿色生产力将进一步激发生态环境及其生态产品的价值转化和实现。国际性行动计划"联合国生态系统恢复十年"提出，从现在到2030年，如能恢复3.5亿公顷退化土地，就可以产生价值9万亿美元的生态系统服务。在全球范围内，基于自然的解决方案（Nature based Solutions，NbS）可以使约10亿人口摆脱贫困，创造约8 000万个就业机会，为全球经济增加2.3万亿美元的增长，并防止3.7万亿美元的气候相关损失。事实表明，绿水青山就是金山银山，发展绿色生产力，将自然作为投资的重要领域，增值自然资本，推进生态产品价值实现，将有力助推全球经济发展。

（二）为发展中国家实现现代化提供绿色方案

迄今为止，发达国家和经济体都是通过西方资本主义道路来实现现代化的，这在一定程度上也就造成了所谓"现代化等于西方化"的迷思。但任何现代化的道路都需要一定的时机和条件。一方面，发展中国家实现现代化不具备已经实现现代化国家所拥有的宽松资源环境条件。联合国政府间气候变化专门委员会 2021 年发布的《气候变化 2021：自然科学基础》报告认为，在 50% 的概率下，控制在 1.5 摄氏度温升水平时，全球碳排放空间为 5 000 亿吨二氧化碳。

另一方面，发展中国家与已经实现现代化国家面临的问题与需求也不相同。从现代化发展历史上看，西方发达国家走的是"串联式"发展路径。而当前的现代化，是工业化、信息化、城镇化、农业现代化、绿色化叠加发展，是一个"并联式"过程。与发达国家相比，发展中国家不仅需要现代化，还需要推进绿色化。如何实现发展和保护的双赢，是广大发展中国家面临的问题。此外，发展中国家还面临推动绿色发展资金和技术缺口。《联合国气候变化框架公约》第 28 次缔约方大会关于《巴黎协定》实施全球盘点的决议中关注到，发展中国家实施国家自主贡献的资金需求缺口正在扩大，资金需求在 2030 年前为每年 5.8 万亿～5.9 万亿美元。发展绿色生产力，将生态环境保护融入经济、政治、文化、社会建设，建设人与自然和谐共生的现代化，为发展中国家提供了一条不同于西方现代化路径的人与自然和谐共生的中国式现代化道路选择。

（三）为全球可持续发展构建新引擎

联合国秘书长安东尼奥·古特雷斯（António Guterres）在 2023 年联合国可持续发展目标峰会开幕式上表示，2015 年各成员国通过的可持续发展目标中，只有 15% 的目标按预期进展，许多目标出现逆转。全球可持续发展需要更具雄心的行动。治理乏力是全球可持续发展面临的突出困境。中国是全球生态文明建设的参与者、贡献者、引领者。一方面，坚决把自己的事情办好。中国贡献全球四分之一增绿，成为全世界森林资源增长最多最快的国家，率先实现土地退化零增长，提前完成碳减排 2020 年目标、自然保护地达到 17% 的目标。

另一方面，中国积极参与全球环境治理，为全球提供绿色产品和制度供给。在中国推动下，2021 年全球太阳能光伏装机成本较 2010 年下降约 82%，陆上风机与海上风电装机成本分别下降约 35% 和 41%。在过去 10 年中，中国对全球非化石能源消费增长贡献度超过 40%；2022 年，中国出口的风电、光伏产品为其他国家减排二氧化碳近 6 亿吨。当前，全球绿色低碳发展任务迫切且艰巨，特别是实现 2030 年减排目标仍存在巨大绿色产能缺口，需要世界各国发挥各自比较优势，分工协作，共同努力。发展绿色生产力，是我国坚定不移推进生态文明建设的彰显，将进一步促进我国以自身的绿色改变为全球可持续发展作出更大贡献。同时，发展绿色生产力也是我国在可持续发展治理方面的重大贡献，将有力促进生态环境保护责任的压实、更加内生于协调经济社会发展、更加具有系统性协同性。中国发展绿色生产力的理念智慧和实践经验，将有力促进各国更加积极主动地推进可持续发展和绿色增长，将为重塑全球环境治理格局、推进全球环境治理进程提供重要势能。

新质生产力本身就是绿色生产力的理论内涵与实践向度 *

绿色发展是高质量发展的底色，新质生产力本身就是绿色生产力。这一重要论断深刻阐明了新质生产力与绿色生产力的内在联系，进一步丰富和拓展了习近平经济思想和习近平生态文明思想的内涵外延，具有丰富的理论价值、突出的人民价值、重大的实践价值、深远的世界价值。

新质生产力本身就是绿色生产力的内在逻辑

新质生产力具有高科技、高效能、高质量特征，要求摒弃损害、破坏生态环境的发展模式，改变过度依赖资源环境消耗的增长方式，推动经济社会发展绿色化、低碳化，是环境友好型、资源节约型的先进生产力质态，与绿色生产力在本质内涵、发展目标、实现路径等方面具有天然的"血缘"关系。

---

* 原文为《环境污染与防治》2024 年 6 月封面文章，作者：俞海、宁晓巍、张强、谢茂敏。

新质生产力本身就是绿色生产力的理论内涵

新质生产力本身就是绿色生产力，代表先进生产力的发展方向，既遵循马克思主义生产力发展规律，也与传统生产力在生产要素、生产价值、生产关系等方面，表现出明显的差异性。首先，保护生态环境就是保护生产力、改善生态环境就是发展生产力，生态环境已经成为继技术、数据之后的新型生产要素，将我们对生产力的理解从人改造自然的能力推进到了人与自然和谐共生的能力。其次，新质生产力本身就是绿色生产力，赋予生产价值以生态和绿色内涵，强调生态本身就是经济，应持续发挥绿水青山的生态效应和经济社会效益。再次，生产关系必须与生产力发展要求相适应，我们始终注重资源、生产、消费等要素相匹配，推动经济社会发展和生态环境保护协调统一，促进人与自然和谐共处，形成新型的绿色生产关系。

新质生产力本身就是绿色生产力的实践向度

培育和发展绿色生产力，必须完整、准确、全面地理解和把握习近平总书记关于新质生产力的重要论述，统筹考虑技术革命性突破、生产要素创新性配置、产业深度转型升级，以绿色科技创新引领绿色生产力发展。坚持高质量发展与高水平保护协同共进，为绿色生产力营造良好的发展氛围和发展环境，提供更多内驱动力和实践通道。坚持绿色生产力与绿色生产关系相互适应，全面深化经济体制、科技体制、生态文明体制改革。坚持绿色生产要素与传统生产要素"双轮驱动"，健全资源环境要素市场化配置体系，创新生产要素配置方式。坚持绿色科技创新与绿色低碳产业良性互动，加强科技成果的转化应用，推动更多绿色科技成果从"实验室"走向"生产线"。

同时也要看到，新质生产力本身就是绿色生产力，是一个不断丰富和完善的科学理念，需要我们从方法论层面进行总结、概括。处理好全面推进与因地制宜的关系，紧密结合各地资源禀赋、产业基础、生态环境等实际情况，制订符合本地特色的绿色发展战略和路径。处理好系统谋划与重点突破的关系，既要注重整体性、系统性的规划，又要针对关键领域和薄弱环节进行重点突破。处理好守正创新与先立后破的关系，创新是发展绿色生产力的魂，但不是另起炉灶，不能忽视和放弃传统产业。处理好自信、自立与胸怀天下的关系，坚决走生态优先、绿色发展之路，积极参与全球环境治理，推动建设一个清洁美丽的世界。

维护人民环境健康权益
增进人民生态环境福祉 *

编者按

9 月 24 日，中国人权研究会在京举行"学习贯彻党的二十届三中全会精神　推动人权事业全面发展"座谈会。会上，人权研究领域专家学者、国家人权教育与培训基地相关负责人，习近平经济思想、习近平生态文明思想、习近平法治思想研究领域专家学者等 50 余人围绕相关议题展开研讨交流。"仁之言"将逐篇登载与会嘉宾发言，以飨读者。

我从生态文明角度谈一下学习贯彻习近平总书记人权理念的一些认识和思考。

人权是人类文明进步的标志。尊重和保障人权是当今世界各国及其人民的共同理想。党的十八大以来，习近平总书记把推动人权事业发展作为治国理政的一项重要工作，深刻回答了什么是人权和如何推动中国人权事

---

* 原文刊登于《人权》，作者：俞海。

业发展、如何推动全球人权治理等重大课题，集中体现为当代中国人权观。习近平总书记强调："各国人权发展道路必须根据各自国情和本国人民愿望来决定。"当代中国人权观具有独特的文化传统，独特的历史背景，独特的发展道路，内涵丰富、思想深刻，其中很重要的一个方面就是保障人民拥有在健康、安全、舒适的生态环境中生活的权利。2022 年，联合国大会也通过环境健康权决议，宣布享有清洁、健康和可持续的环境是一项普遍人权。维护人民环境健康权益，增进人民生态环境福祉是生态文明领域贯彻落实习近平总书记人权理念的重大实践，也是习近平生态文明思想和习近平总书记人权理念紧密结合的核心旨归。我主要从以下三个方面认识和理解。

一、环境权是我国人权事业发展的重要组成部分

人权状况好不好，关键看人民的获得感、幸福感、安全感是否得到增强，这是检验人权状况的最重要标准。2018 年 12 月 10 日，习近平总书记在致纪念《世界人权宣言》发表 70 周年座谈会的贺信中，鲜明提出"人民幸福生活是最大的人权"的重要论断，首次指明了人民幸福生活的人权意蕴。进入新时代，随着我国社会主要矛盾转化为人民日益增长的美好生活需要和不平衡不充分的发展之间的矛盾，人民群众对优美生态环境的需要已经成为这一矛盾的重要方面。清洁、美丽、良好的人居环境成为幸福生活的前提和基础，也成为人民群众积极争取的权利之一。

"环境就是民生""良好生态环境是最公平的公共产品，是最普惠的民生福祉"，习近平生态文明思想中这些重要论断既精准地概括了生态环境保护与保障人权之间的关系，也指明了生态环境的人权属性。2009 年以来，我国先后制定实施了四期国家人权行动计划。其中，《国家人权行动计划（2021—2025 年）》首次将"环境权利"独立成章，全面阐述了我国环境权保护的政策体系，推动保护领域从污染防治拓展到生态保护、气候变化，保护手段从政府主导拓展到多方共治，保护范围从国内拓展到全球。2022 年 2 月，习近平总书记在十九届中央政治局第三十七次集体学习时强调，"要在物质文明、政治文明、精神文明、社会文明、生态文明协调发展中全方位提升各项人权保障水平"。党的二十大报告指出，中国式现代化是人与自然和谐共生的现代化。一系列重要论述和重大部署都表明，环境权利已经成为与经济、社会和文化权利，公民权利和政治权利等具有同等重要地位的人权。

二、我国环境权具有丰富的理论和实践内涵

当代中国人权观是以习近平同志为核心的党中央对我们党长期以来发展人权事业经验的深刻总结，是对当代中国人权基本主张和重要观点的精粹提炼，集中体现了新时代中国共产党人对人权事业发展的全新认识和整体把握，是习近平新时代中国特色社会主义思想的重要组成部分。环境权理念继承了马克思主义关于人的全面发展的理念和中华优秀传统文化中的"民之所好好之，民之所恶恶之"的民本思想，强调"环境就是民生，青山就是美丽，蓝天也是幸福"，体现了习近平新时代中国特色社会主义思想特别是习近平生态文明思想蕴含的"必须坚持人民至上"的立场观点方法，始终服务于改善环境质量、满足人民日益增长的优美生态环境需要等多重目标。

环境权可以从三个方面进行总结概括。

一是环境享有权。人民有权利呼吸上新鲜的空气、喝上干净的水、吃上放心的食物、生活在宜居的环境中，在绿水青山中享受自然之美、生命之美、生活之美，切实感受到经济发展带来的实实在在的环境效益。同时，坚持山水林田湖草沙系统治理，加大生态保护和修复力度，减少温室气体排放，增强气候变化适应能力，为人民筑牢安全的生态环境屏障。

二是环境知情权。负有生态环境保护职责的部门和企业有义务主动向社会公开生态环境信息。要建立完善的企业环境信息依法披露制度，强化环境信息强制性披露行业管理，建立环境信息共享机制，切实保障公众知情权。

三是环境参与权。生态文明是人民群众共同参与、共同建设、共同享有的事业，每个公民都有权利参与保护生态环境。要不断激发全社会共同呵护生态环境的内生动力，完善公众环境参与、监督和举报权，促进公众有效参与环境决策，保障全体公民对环境参与权的享有。

三、积极探索保障环境健康权益新实践

习近平总书记指出，"生态环境好，老百姓就多了一份实实在在的幸福感"。党的十八大以来，以习近平同志为核心的党中央把生态文明建设作为关系中华民族永续发展的根本大计，谋划开展一系列具有根本性、开创性、长远性的工作，推动生态文明建设发生历史性、转折性、全局性变化。我们的祖国天更蓝、地更绿、水更清，生态环境质量持续改善，人民群众的获得感、幸福感和安全感不断增强，人民群众环境健康权益得到有效保障，人民群众生态环境福祉显著提升。

习近平总书记指出，"人权保障没有最好，只有更好"。党的二十届三中全会指出，要坚持正确人权观。人权的全面改善要求环境权的全面改善。当前，我们已经踏上推进人与自然和谐共生现代化的新征程，明确到2035 年，生态环境根本好转，美丽中国目标基本实现。党的二十届三中全会强调，要聚焦建设美丽中国，深化生态文明体制改革，促进人与自然和谐共生。因此，我们必须持续改善生态环境质量，进一步强化环境健康权益保障，切实把建设美丽中国的伟大愿景转化为广大人民群众的权利诉求和自觉行动，推动我国人权事业健康、全面发展。

一是在思想理论方面，要深入学习贯彻习近平生态文明思想和习近平法治思想，弘扬和践行当代中国人权观，进一步从理论、历史和实践维度阐释环境权作为一种新型人权的深刻内涵，积极构建新时代生态文明和中国特色人权的理论体系、话语体系。

二是在体制机制方面，进一步深化生态文明体制改革，运用法治思维和法治方式为全面推进美丽中国建设、有效维护公民环境权益提供有力保障，把人民对优美生态环境和美好生活的需求融入立法、司法、执法全过程。

三是在改善生态环境方面，以协同推进降碳、减污、扩绿、增长为主线，以蓝天、碧水、净土保卫战为重点，推动污染防治、生态保护以及应对气候变化等在重点区域、重点领域、关键指标上实现新突破，全面推进美丽中国建设，为人民群众提供更多优美生态环境和优质生态产品。

四是在国际合作方面，秉持人类命运共同体理念，促进世界各国在享受环境权利的同时履行相应的义务，以生态环境公平正义促进全人类幸福，为国际人权事业发展贡献中国智慧、方案和力量。

关于加快经济社会发展全面
绿色转型的思考*

　　推动经济社会全面绿色转型是建设美丽中国和人与自然和谐共生现代化、推进高质量发展的必然要求。党的十九届五中全会首次提出了"促进经济社会发展全面绿色转型"的任务要求。党的二十大强调，加快发展方式绿色转型，推动形成绿色低碳的生产方式和生活方式。2023 年 7 月，习近平总书记在全国生态环境保护大会上强调，我国经济社会发展已进入加速绿色化、低碳化的高质量发展阶段，要加快推动发展方式绿色低碳转型，加快形成绿色生产方式和生活方式，厚植高质量发展的绿色底色。

　　党的二十届三中全会提出，聚焦建设美丽中国，加快经济社会发展全面绿色转型。这是以习近平同志为核心的党中央立足于我国迈上全面建设社会主义现代化国家新征程提出的新部署、新任务、新要求。我们要深刻理解把握这一重大部署的意义、内涵与要求，协同推进高水平保护和高质

---

* 　原文刊登于《中国生态文明》杂志 2024 年第 4 期，作者：俞海。

量发展，加快推进人与自然和谐共生的现代化。

一、深刻领会加快经济社会发展

全面绿色转型的重大意义促进经济社会发展全面绿色转型是解决我国生态环境问题的基础之策。深思细悟这一战略部署的重大意义、深刻内涵和实践要求，对于建设人与自然和谐共生的现代化，具有重要的指导意义和实践价值。

一是贯彻落实新发展理念、实现高质量发展的应有之义。党的二十大报告指出，推动经济社会发展绿色化、低碳化是实现高质量发展的关键环节。绿色是高质量发展的底色，决定着发展的成色。绿色循环低碳发展是当今时代科技革命和产业变革的方向，是最有前途的发展领域。面对全球新一轮科技革命和产业变革的历史机遇期，加快转变经济发展方式，增强我国的生存力、竞争力、发展力、持续力，是贯彻新发展理念、构建新发展格局、推动高质量发展的必然要求。习近平总书记指出："杀鸡取卵、竭泽而渔的发展方式走到了尽头，顺应自然、保护生态的绿色发展昭示着未来。"只有坚持以资源节约、环境友好作为约束倒逼经济发展方式转变，推动全面绿色转型，才能促进经济社会发展和生态环境保护协同共进，形成资源高效、排放较少、环境清洁、生态安全的高质量发展格局，助推我国实现更高质量、更有效率、更加公平、更可持续、更为安全的发展。

二是促进人与自然和谐共生的现代化、全面推进美丽中国建设的重要基石。尊重自然、顺应自然、保护自然是全面建设社会主义现代化国家的内在要求。党的二十大报告将人与自然和谐共生作为中国式现代化的中国特色和本质要求之一。我国作为人口超过 14 亿的发展中大国，巨大的人口规模和现代化的后发性，决定了实现现代化将面临更强的资源环境约束。面对资源相对不足、环境承载力较弱的基本国情和艰巨繁重的生态环境保护任务，我们不能再沿袭一些发达国家走过的高耗能、高排放的老路，否则资源环境的压力将不可承受。与此同时，我国提出了力争 2030 年前实现碳达峰、2060 年前实现碳中和的目标。只有加快推动形成绿色发展方式和生活方式，走出一条生产发展、生活富裕、生态良好的文明发展道路，才能为经济社会持续健康发展提供良好的生态环境支撑，为中国式现代化增添强大绿色发展动能，为全面推进美丽中国建设、实现中华民族永续发展谋取根本保证。

三是解决我国资源环境问题、满足人民日益增长的优美生态环境需要的必然选择。进入新时代，生态环境在群众生活幸福指数中的权重不断提高，人民群众对优美生态环境、优质生态产品的需要已经成为我国社会主要矛盾的重要方面。生态环境问题归根结底是发展方式和生活方式问题。习近平总书记指出，"我国生态环境保护结构性、根源性、趋势性压力尚未根本缓解""生态文明建设仍处于压力叠加、负重前行的关键期"，"坚持把绿色低碳发展作为解决生态环境问题的治本之策"。只有坚持生态优先、绿色发展，加快形成节约资源和保护环境的空间格局、产业结构、生产方式、生活方式，把经济活动、人的行为限制在自然资源和生态环境能够承受的限度内，才能推动我国生态环境质量持续改善，为人民群众提供更多优质生态产品，不断提升人民群众生态环境获得感、幸福感、安全感。

二、准确理解促进经济社会发展

经济社会发展全面绿色转型是一场广泛而深刻的经济社会系统性变革，也是涉及生产方式、生活方式、思维方式和价值观念的革命性变革。加快经济社会发展全面绿色转型，需要我们准确理解其蕴含的本质要求，着力把握好其中蕴含的方法路径，以更好地指导实践与推动工作。

一是发展的转型。发展是我们党执政兴国的第一要务。党的十九大报告指出，我国经济已由高速增长阶段转向高质量发展阶段。当前我国经济社会发展已进入加快绿色化、低碳化的高质量发展阶段，要实现有质量、有效益的发展，必然要求发展理念、方式、模式等作出相应的转变。经济社会发展全面绿色转型就是在新发展阶段贯彻新发展理念，探索走出一条生态优先、绿色发展的生态文明道路，为经济社会发展不断培育新的增长点。

二是绿色的转型。习近平总书记强调："绿色发展是构建高质量现代化经济体系的必然要求。"我国的发展绝不能以牺牲环境为代价，必须在经济社会发展中解决好人与自然和谐共生问题。绿色不仅是发展的基础和约束，也是发展的目标和归宿，更是发展的要素投入和动能条件。要牢牢把握绿色转型这一核心，树立和践行绿水青山就是金山银山的理念，站在人与自然和谐共生的高度谋划发展，推动经济社会发展建立在资源高效利用和绿色低碳发展的基础之上，让良好生态环境成为经济社会可持续发展的重要支撑。

三是全面的转型。习近平总书记指出："绿色发展是新发展理念的重要组成部分，与创新发展、协调发展、开放发展、共享发展相辅相成、相互作用，是全方位变革。"经济社会发展全面绿色转型要把握住"全面"这一关键，从经济社会发展全局入手，进行生产方式、生活方式、思维方式、价值观念的全方位绿色化改造，真正把生态文明建设融入经济、政治、社会、文化建设等各方面和全过程。在经济领域中，将绿色化全面贯穿于生产、分配、流通和消费等各环节，加快形成绿色生产方式。在社会领域中，大力培育生态文化价值观，加快形成现代绿色生活方式。

四是系统的转型。习近平总书记指出："绿色低碳转型是系统性工程，必须统筹兼顾、整体推进。"经济社会发展全面绿色转型要更加注重系统观念的实践深化和科学应用，协同推进生态环境高水平保护与经济社会高质量发展，形成生态环境改善和内需扩大、生活品质提高的良性循环。在做好减污降碳和生态环境质量改善工作的同时，综合考虑生态环境保护对推动经济社会高质量发展的作用和影响，统筹产业结构调整、污染治理、生态保护、应对气候变化，真正实现生态环境保护与经济社会发展的辩证统一、相辅相成。

五是安全的转型。习近平总书记指出："推动创新发展、协调发展、绿色发展、开放发展、共享发展，前提都是国家安全、社会稳定。没有安全和稳定，一切都无从谈起。"实现经济社会发展全面绿色转型，是贯彻新发展理念的一项长期战略任务，涉及能源结构、工业结构、交通结构、生产生活方式等各领域各方面，转型过程中难免存在技术、经济、社会等多方面风险，不能脱离实际。推动经济社会发展全面绿色转型，要立足我国能源资源的基本国情，处理好发展与减排、整体与局部、短期与中长期的关系，将长远目标和现实条件有机结合，把统筹发展和安全贯穿始终，确保转型风险可控，保障转型顺利实施。

六是改革创新驱动的转型。习近平总书记指出："改革开放是党和人民事业大踏步赶上时代的重要法宝。"推动经济社会发展全面绿色转型要坚持向改革要动力、向创新要活力。党的十八届三中全会以来，生态文明体制改革的"四梁八柱"基本建立。党的二十届三中全会提出，下一步需要把着力点放到协同推进降碳、减污、扩绿、增长，要健全生态环境治理体系和绿色低碳发展机制，进一步完善全面绿色转型体制机制保障。绿色技术创新是绿色发展的重要动力，要坚持问题导向，以国家标准提升引领传统产业优化升级，支持企业用数智技术、绿色技术改造提升传统产业，使创新成为统筹经济社会发展和绿色转型的有力支撑。

七是需要保持战略定力的转型。习近平总书记指出："绿色低碳发展是经济社会发展全面转型的复杂工程和长期任务。"能源结构、产业结构调整仍存在诸多困难和挑战，不可能一蹴而就，推动形成绿色发展方式和生活方式的任务依旧艰巨繁重。各级党委和政府需要充分认识经济社会发展全面绿色转型的长期性、复杂性、艰巨性，时刻保持生态文明建设战略定力，切实担负起生态文明建设的政治责任，明确时间表、路线图，久久为功、驰而不息，确保党中央各项决策部署落地见效。

三、新征程加快经济社会发展全面绿色转型的方向思路

党的十八大以来，在习近平生态文明思想的指引下，我国加快推动发展方式绿色低碳转型，加快形成绿色生产方式和生活方式，厚植高质量发展的绿色底色，绿色、循环、低碳发展迈出坚实步伐，在续写了世所罕见

的经济快速发展奇迹和社会长期稳定奇迹的同时，也创造了举世瞩目的生态奇迹和绿色发展奇迹。全面贯彻落实党的二十大精神和党的二十届三中全会精神，必须牢固树立和践行绿水青山就是金山银山的理念，聚焦建设美丽中国，协同推进降碳、减污、扩绿、增长，在经济社会发展中加快绿色转型、在绿色转型中实现更高质量发展。

一是处理好高质量发展和高水平保护的关系。习近平总书记指出："只有从源头上使污染物排放大幅降下来，生态环境质量才能明显好上去。"调结构、优布局、强产业、全链条是从源头上解决污染问题、加快形成绿色发展方式的重点。要充分发挥生态环境保护的引领、优化和倒逼作用，加快推动产业结构、能源结构、交通运输结构、用地结构调整。坚决遏制不符合要求的高耗能、高排放项目盲目发展，围绕发展新质生产力布局产业链，培育壮大战略性新兴产业、高技术产业、现代服务业。着力推进生态经济化和经济生态化，把生态优势转化为发展优势。统筹推进区域绿色协调发展，聚焦长江经济带发展、黄河流域生态保护和高质量发展等重大国家战略实施，打造绿色发展高地。

二是运用好减污降碳协同增效总抓手。习近平总书记指出："'十四五'时期，我国生态文明建设进入了以降碳为重点战略方向、推动减污降碳协同增效、促进经济社会发展全面绿色转型、实现生态环境质量改善由量变到质变的关键时期。"要坚持"两点论"和"重点论"的统一，抓住主要矛盾和矛盾的主要方面，以重点突破带动整体推进，在整体推进中实现重点突破。要突出坚持把绿色低碳发展作为解决生态环境问题的治本之策，紧扣工业、交通运输、城乡建设、农业、生态建设等重点领域，实施结构调整和绿色升级，强化资源能源节约和高效利用，加快形成节约资源和保护环境的空间格局、产业结构、生产方式、生活方式。

三是在协同转型中提升经济社会发展的含金量和含绿量。促进经济社会发展全面绿色转型，需要整体考虑、全局把握、协同推进，把系统观念贯穿到经济社会发展和生态环境保护全过程，处理好发展和保护、全局和局部、当前和长远等一系列重要关系。坚持目标协同，把生态环境保护作为约束性指标纳入经济社会发展指标体系，推动生态环境治理、发展方式绿色转型、生态保护修复、碳达峰、碳中和等工作一体谋划、一体部署、一体推进、一体考核，在多重目标中寻求动态平衡。注重领域协同，统筹产业结构调整、污染治理、生态保护、应对气候变化，协同推进降碳、减污、扩绿、增长。突出主体协同，统筹好顶层设计与地方实践探索，压实政府、企业、社会的责任。强化区域协同，强化生态环境区域协同治理，汇聚绿色高质量发展强大合力。

四是进一步深化生态文明体制改革。习近平总书记强调："面对纷繁复杂的国际国内形势，面对新一轮科技革命和产业变革，面对人民群众新期待，必须继续把改革推向前进。"要围绕加快完善落实绿水青山就是金山银山理念的体制机制，完善生态文明基础体制，健全生态环境治理体系，健全绿色低碳发展机制。要围绕建设绿色低碳循环发展经济体系，不断完善和强化支持绿色低碳发展的财税、金融、投资、价格政策和标准体系，健全绿色消费激励机制。要围绕厚植高质量发展的绿色底色和成色，完善资源总量管理和全面节约制度，健全废弃物循环利用体系，建立能耗双控向碳排放双控全面转型新机制，建立健全碳达峰碳中和相关机制。围绕发展绿色生产力，因地制宜加快建立健全生态价值实现机制，发展绿色低碳产业。

五是统筹好发展与安全。推动绿色发展，建设生态文明，是长期工程。要将安全有序促进经济社会发展全面绿色转型作为核心要求，推动经济实现质的有效提升和量的合理增长。正确处理"双碳"承诺和自主行动的关系，把统筹发展和安全贯穿"双碳"工作始终，把握好节奏和力度，先立后破，稳中求进。完善国家生态安全工作协调机制，切实维护生态安全、新能源发展和国家能源安全、核与辐射安全等，坚决守牢美丽中国建设安全底线。发挥绿色转型对创造就业、助力乡村全面振兴的积极作用，保障社会安全有序运行。

深刻认识全面推进美丽中国建设的重大意义 *

建设美丽中国是全面建设社会主义现代化国家的重要目标，是实现中华民族伟大复兴中国梦的重要内容。习近平总书记在全国生态环境保护大会上强调，"把建设美丽中国摆在强国建设、民族复兴的突出位置""全面推进美丽中国建设，加快推进人与自然和谐共生的现代化"。新征程上，我们要深刻领悟美丽中国建设的战略地位和重大意义，以更高站位、更宽视野、更大力度，加快建设人与自然和谐共生的美丽中国。

科学把握美丽中国建设在强国建设、民族复兴中的重要位置

"突出位置"的定位，标定了美丽中国建设的历史方位，深刻阐明了美丽中国建设的战略地位，标志着美丽中国建设在党和国家工作全局中的地位更加突出、作用更加重大，是着眼全局、战略和长远作出的重大判断、重大部署。

---

* 原文刊登于《旗帜》杂志 2024 年第 3 期，作者：张强、安艺明。

美丽中国是中国特色社会主义不可缺少的重要内容。中国特色社会主义是全面发展、全面进步的事业。生态环境是关系党的使命宗旨的重大政治问题，也是关系民生的重大社会问题。党的十八大以来，我国生态环境保护取得巨大成就，人民群众对生态环境的满意度超过了 90%，良好生态成为人民美好生活的增长点。美丽中国就是要让人民群众在绿水青山中共享自然之美、生命之美、生活之美。我们要同步推进物质文明和生态文明建设，提供更多优质生态产品，以高水平保护支撑高质量发展创造高品质生活。

美丽中国是高质量发展的重要支撑。建设现代化强国，美丽既是重要目标，也是重要支撑。我国经济社会发展已进入加快绿色化、低碳化的高质量发展阶段，生态环境的支撑作用越来越明显。而且，绿色循环低碳发展是当今时代科技革命和产业变革的方向，是最有前途的发展领域，也是当前竞争的焦点。2023 年，我国电动载人汽车、锂离子蓄电池和太阳能蓄电池"新三样"产品合计出口首次超万亿元，成为新的经济增长点，实证了新质生产力就是绿色生产力。习近平总书记指出，绿色发展是高质量发展的底色。建设美丽中国关系高质量发展全局，也事关如期实现第二个百年奋斗目标大局。必须聚焦高质量发展这一首要任务，深刻认识推动经济社会发展绿色化、低碳化是实现高质量发展的关键环节，夯实高质量发展的生态基础，不断塑造发展的新动能、新优势，以建设美丽中国推动实现更高质量、更有效率、更加公平、更加持续、更为安全的发展。

美丽中国是中华民族伟大复兴的生态根基。实现中华民族伟大复兴是中华民族近代以来最伟大的梦想。生态兴则文明兴，生态文明是关系中华民族永续发展的根本大计，建设美丽中国是实现中华民族伟大复兴中国梦的重要内容。历史和现实告诉我们，我们这样一个大国要实现现代化，靠消耗资源、污染环境是难以为继的，也是行不通的。当前，我国资源压力较大、环境容量有限、生态系统脆弱的国情没有改变，人均森林面积、水资源等与发达国家相比差距较大。与此同时，我国生态环境保护结构性、根源性、趋势性压力尚未根本缓解，生态环境改善基础还不牢固，生态环境改善由量变到质变的拐点尚未到来。必须从中华民族永续发展的战略和历史高度，以美丽中国建设全面推进人与自然和谐共生的现代化，走出一条生产发展、生活富裕、生态良好的文明发展道路，筑牢中华民族伟大复兴的生态根基。

深刻认识全面推进美丽中国建设的重大意义

全面推进美丽中国建设，加快推进人与自然和谐共生的现代化既是党中央对美丽中国建设认识不断深化、地位不断提升、部署不断强化的具体体现，也是新征程上关于美丽中国建设的新部署新要求。

标志着我们党对生态文明建设的认识达到新高度。习近平生态文明思想是我们党的重大理论创新成果，是新时代生态文明建设的根本遵循和行动指南。这一思想开放包容，始终站在时代前沿，引领时代发展。全国生态环境保护大会提出实现"四个重大转变"、处理好"五个重大关系"，部署了"六项重大任务"，强调了"一个重大要求"，从依据基础、原则路径、实践部署以及认识论、方法论、实践论等方面回答了全面推进美丽中国建设的重大理论和实践问题。一方面，《中共中央 国务院关于全面推进美丽中国建设的意见》发布，进一步细化了目标、路径、布局、任务等，对新时代新征程全面推进美丽中国建设作出系统部署，这些都拓展和深化了我们党关于生态文明建设的规律性认识。另一方面，理论来自实践，全面推进美丽中国新的实践，必将促进习近平生态文明思想进一步创新发展。

开启人与自然和谐共生现代化的时代篇章。 新时代以来，美丽中国建设迈出重大步伐，实现由重点整治到系统治理、由被动应对到主动作为、由全球环境治理参与者到引领者、由实践探索到科学理论指导的重大转变，成为新的历史起点。与此同时，我国生态文明建设仍处于压力叠加、负重前行的关键期，既有历史欠账，又有新污染物等新的问题，经济社会发展绿色转型内生动力不足，应对生态环境领域国际博弈任务也很艰巨。需要在更大区域、更深层次、更广领域奋力攻坚，推进全领域转型、全方位提升、全地域建设、全社会行动。全面推进美丽中国建设，意味着领域的延伸和深度的拓展、要求的提高和标准的提升以及过程的复杂和措施的系统，最终的目标是以美丽中国建设全面推进人与自然和谐共生的现代化。这既是战略蓝图也是战略路径，对于推进和拓展中国式现代化具有重要意义。

贡献了共建清洁美丽世界的中国方案。 地球是全人类赖以生存的唯一家园，建设美丽家园是人类的共同梦想。当前，环境问题已成为全球性挑战，气候变化、生物多样性下降等问题威胁着人类赖以生存和发展的物质基础。虽然可持续发展、保护生态环境已经成为全球共识，但联合国可持续发展目标进展严重偏离轨道等事实，凸显了全球环境治理赤字严重的现实。在人与自然和谐共生问题上，世界需要新的方案。中国已经是全球生态文明建设的重要参与者、贡献者、引领者。全面推进美丽中国建设，在协同推进降碳、减污、扩绿、增长，健全美丽中国保障体系的同时，推动构建公平合理、合作共赢的全球环境治理体系，加强国际合作和讲好美丽中国故事，将为全球可持续发展贡献中国力量和中国方案，对于人类文明永续发展和丰富发展人类文明新形态具有重要意义。

实践篇

实践篇

加强生态环境分区管控
推动经济社会全面绿色转型[*]

实施生态环境分区管控，是以习近平同志为核心的党中央作出的重大决策部署。2024 年 3 月，《中共中央办公厅　国务院办公厅关于加强生态环境分区管控的意见》发布，为发展"明底线、划边框"。截至目前，我国已划定 44 604 个生态环境管控单元，基本实现全域覆盖。党的二十届三中全会审议通过的《中共中央关于进一步全面深化改革、推进中国式现代化的决定》，将实施分区域、差异化、精准管控的生态环境管理制度作为完善生态文明基础体制的重要任务。通过深化生态环境分区管控制度改革，可以更好地指导各地用好"绿色标尺"，推动经济社会实现全面绿色转型，建设人与自然和谐共生的美丽中国。

一、生态环境分区管控是生态文明制度体系建设的重大创新

"生态环境分区管控"是突出源头防控工作思路，从持续提升生态环

---

* 原文刊登于《光明日报》2024 年 11 月 21 日第 6 版，作者：胡军。

境质量、优化空间发展布局、促进高质量发展的高度谋划实施的一项重要政策制度安排。实施生态环境分区管控，就是要把生态保护红线、环境质量底线、资源利用上线和生态环境准入清单（以下简称"三线一单"）等生态环境"硬约束"，落实到生态环境管控单元，实现精准施策、科学治污、依法管理，显著提高生态环境精细化差异化管理水平。

我国生态环境问题复杂多样，不同空间地域的表现形式和问题成因差异较大，具有显著的空间分异特征。因此，必须充分考虑不同地区的自然环境条件和经济社会发展差异，因地制宜开展生态环境治理。党的十八大以来，以习近平同志为核心的党中央不断推进生态文明制度体系建设，构建以空间治理和空间结构优化为主要内容的空间规划体系，优化生产、生活和生态空间，不断提高空间管控水平和治理能力；在生态环境领域试点推广"三线一单"，促进生态环境保护的精细化、精准化，全方位、全地域、全过程加强生态环境保护，有效提升了生态环境管控水平。生态环境分区管控是管理理念、管理手段的创新，既解决了战略性问题，为发展"明底线、划边框"，又解决了战术问题，制定差异化的生态环境准入清单，把管控要求落实到具体的控制单元，直接服务于生态环境管理。

生态环境分区管控坚持山水林田湖草沙一体化保护和系统治理，以保障生态功能和改善生态环境质量为目标，运用底线思维，通过生态保护红线、环境质量底线和资源利用上线确保生态环境安全，既要少欠新账，给大自然休养生息足够的时间和空间，依靠自然的力量恢复生态系统平衡；又要多还旧账，构建从山顶到海洋的保护治理大格局，持之以恒推进生态建设。生态环境分区管控要求充分尊重自然规律和区域差异，要求因地因时制宜、分区分类施策，通过科学化、精细化和智能化工作手段，支撑开展更科学、更系统、更精细的生态保护与污染防治工作，切实提升生态环境治理现代化水平，为生态环境根本好转提供有力支撑。

二、生态环境分区管控对深化生态文明体制改革具有重大意义

生态文明建设是关乎中华民族永续发展的根本大计。将生态保护、环境质量、资源利用等立在前面，生态环境分区管控从源头上实现了"把资源环境承载力作为前提和基础，自觉把经济活动、人的行为限制在自然资源和生态环境能够承受的限度内"，整体解决区域发展的宏观布局、生态环境约束等战略性问题，目标就是要实现以高水平保护支撑高质量发展，让生态优势源源不断地转化为发展优势，对深化生态文明体制改革具有重大意义。

生态环境分区管控是推动经济社会高质量发展的有力抓手。进入新时代，我国经济社会全面绿色低碳转型面临的问题，主要是结构性、根源性和布局性的，既有历史的累积量，也有发展过程中的新增量。实施生态环境分区管控制度，一方面能够引导传统产业加快绿色低碳转型升级，为绿色低碳高质量发展腾出更多环境容量；另一方面能够从源头上支撑政策科学决策、规划编制、优化生产力布局，为高质量发展注入新动能、塑造新优势。将生态文明建设融入新型工业化、信息化、城镇化、农业现代化进程，探索协同推进生态优先和绿色发展的新路子，推动形成与生态环境相协调的产业规模和生产力布局，促进形成生态空间山清水秀、生产空间集约高效、生活空间宜居适度的国土空间开发格局。

生态环境分区管控是生态环境治理体系和治理能力现代化的重要基础。现代化的生态环境治理体系，既需要按环境要素、产业、领域实行自上而下的纵向治理，也需要有不同空间单元的生态环境空间治理体系。我国幅员辽阔，不同地区的自然条件、承载能力、功能定位差异明显，实施生态环境分区管控，就是要在一定的空间单元内，通过系统集成和多要素统筹，增强源头预防和监督管控的全面性，实现经济社会可持续发展与人的全面发展。生态环境分区管控以生态功能和环境过程为基础，深入分析区域开发建设活动布局、规模和强度与生态安全保障、环境质量改善的影响关联，以空间单位为核心构建起"质量目标—管控单元—准入清单"差异化空间管控体系，为从源头上统筹推进发展与保护提供了制度依据和技术手段。

三、聚焦美丽中国建设深化生态环境分区管控制度改革

建设美丽中国是全面建设社会主义现代化国家的重要目标。推进生态环境持续改善和根本好转、实现美丽中国建设战略目标，需要进一步全面深化改革，充分发挥生态环境分区管控在加快经济社会发展全面绿色转型中的基础性制度作用。

围绕完善全域覆盖的生态环境分区管控体系谋划工作。生态环境分区管控改革应以保障生态功能和改善环境质量为目标，这不仅是生态环境分区管控制度建设的本质要求，也是"以美丽中国建设全面推进人与自然和谐共生的现代化"的重要内涵和必然要求。完善全域覆盖的生态环境分区

管控体系，既要有宏观视野，抓系统、抓战略、抓整体，又要有具体管控要求，抓空间、抓质量、抓准入。例如，聚焦京津冀协同发展、长江经济带发展、粤港澳大湾区建设、长三角一体化发展、黄河流域生态保护和高质量发展等区域重大战略，从维护生态安全角度出发，坚持在发展中保护、在保护中发展，推动构建与生态功能、环境容量和资源禀赋相适应的发展保护格局，充分发挥环境保护对经济转型升级的引导、优化和促进作用，以及对高质量发展的绿色支撑作用。

坚持守正创新，拓展运用范围。中央全面深化改革委员会第三次会议强调，生态环境分区管控改革要"聚焦区域性、流域性突出生态环境问题，完善生态环境分区管控方案，建立从问题识别到解决方案的分区分类管控策略"。推动生态环境分区管控改革需要推动各方面深入理解改革、主动支持改革、全力推进改革，使改革始终保持稳中有进、持续深化的良好态势。从绿色发展方式和生活方式、生态环境质量改善、生态环境治理体系和治理能力现代化等方面着手，强化应用产出，拓宽应用领域，在水、大气、土壤、新污染物污染防治和海洋生态环境保护、生态监管，以及区域开发建设、产业布局优化、资源能源开发利用等政策制定和规划编制过程中，主动衔接生态环境分区管控要求，建立常态化衔接机制，科学指导各类开发建设保护活动，共同守护"红线""底线""上线"。

激发改革动力，保障生态环境分区管控行稳致远。深入推进生态环境分区管控，应不断完善应用体系、责任体系、监管体系、法规体系、技术体系和保障体系，加快提升生态环境分区管控保障能力建设水平。最大限度地凝聚改革共识、激发改革动力，引导地方各级生态环境部门保持改革定力与工作信心，在推进过程中带动各方力量同题共答、同向发力，将改革部署落实到位。坚持精准治污、科学治污、依法治污，强化生态环境分区管控法律法规体系建设，各地结合实际出台配套政策，细化加强生态环境分区管控的落实举措，鼓励有条件的省份（或设区市）制定相关法规。创新落地应用新思路，做到认识上有深化、理论上有提升、行动上有自觉，形成具有战略性、指导性、针对性的实践推进与制度建设良性互动工作局面。

协同转型，提升经济社会发展的含金量和含绿量*

习近平总书记强调："要推动经济社会发展绿色转型，协同推进降碳、减污、扩绿、增长"。促进经济社会发展全面绿色转型，需要整体考虑、全局把握、协同推进，处理好发展和保护、全局和局部、当前和长远等一系列重要关系。绿色发展是对生产方式、生活方式、思维方式和价值观念的全方位、革命性变革，涉及结构优化调整、资源节约利用、环境污染防治、生态系统质量和稳定性等多个方面。为此，要坚持协同转型，注重物质文明和生态文明的整体性、关联性、耦合性，把系统观念贯穿到经济社会发展和生态环境保护全过程，在协同转型中提升经济社会发展的含金量和含绿量。

党的十八大以来，我国在协同推进经济社会高质量发展和生态环境高水平保护方面持续用力，取得一系列重要成果。2012 年以来，我国以年均 3% 的能源消费增速支撑了年均超过 6% 的经济增长，可再生能源装机容量

---

* 原文刊登于《人民日报》2024 年 4 月 19 日第 9 版，作者：俞海。

超过全国煤电装机容量，水电、风电、太阳能发电、生物质发电装机容量都稳居世界第一。在碳排放强度累计下降超过 35% 的同时，生态环境质量持续改善。2023 年，全国地级及以上城市细颗粒物（$PM_{2.5}$）平均浓度为 30 微克 / 立方米，全国地表水水质优良（Ⅰ～Ⅲ类）断面比例为 89.4%。同时也要清醒看到，当前，我国生态文明建设仍处于压力叠加、负重前行的关键期，面临经济发展和生态环境保护双重压力，必须坚持以协同转型为牵引，持续促进经济社会发展全面绿色转型。

坚持目标协同。促进经济社会发展全面绿色转型，需要正确处理高质量发展和高水平保护的关系，自觉把经济活动、人的行为限制在自然资源和生态环境能够承受的限度内，在绿色转型中推动发展实现质的有效提升和量的合理增长。实现这一目标，一个重要方面在于把生态环境保护作为约束性指标纳入经济社会发展指标体系，一体推进生态环境治理、发展方式绿色转型、生态保护修复、碳达峰碳中和等工作，在多重目标中寻求动态平衡，着力构建绿色低碳循环经济体系，加快产业绿色转型升级，促进绿色低碳技术研发和推广应用，加快形成绿色发展方式和生活方式。

注重领域协同。坚持以协同转型促进经济社会发展全面绿色转型，关键在于做到各领域间的统筹协调、领域内的步调一致，协同推进降碳、减污、扩绿、增长。降碳，需要立足国情处理好"双碳"承诺和自主行动的关系，平衡好"四个结构"、新能源与传统能源、新兴产业和传统产业发展，推动能耗"双控"逐步向碳排放"双控"转变。减污，需要遵循减污降碳内在规律，坚持精准治污、科学治污、依法治污多管齐下，强化多污染物与温室气体协同控制。扩绿，需要着力提升生态系统多样性、稳定性、持续性，坚持山水林田湖草沙一体化保护和系统治理，综合运用自然恢复和人工修复两种手段，强化生态保护修复统一监管，构建从山顶到海洋的保护治理大格局。增长，需要协同提升经济发展的含金量和含绿量，降低含碳量，在"点绿成金"中因地制宜壮大"美丽经济"。

突出主体协同。坚持协同转型，还需统筹好政府、企业、社会组织和公众等主体的关系，把战略的原则性和策略的灵活性有机结合起来，统筹好顶层设计与地方实践探索。一是压紧压实各级党委和政府生态环境保护政治责任，健全科学合理的考核评价体系，组织开展美丽中国建设成效考核。二是加强经济发展、生态文明建设相关部门协调联动，推动落实生态文明建设责任清单，形成齐抓共管、共同推进美丽中国建设的强大合力。三是完善企业环保信用评价制度和绿色财税金融政策，让企业在保护生态环境中获得合理回报。此外，还要大力弘扬生态文明理念，培育生态文化，让绿色低碳生活方式成风化俗，不断强化全体人民参与美丽中国建设的思想自觉和行动自觉。

强化区域协同。我国各地区经济发展水平、自然资源禀赋差异明显，促进经济社会发展全面绿色转型，必须坚持区域协调发展，强化生态环境区域协同治理。目前，我国不少地区正以实施国家区域重大战略为契机，加强区域流域绿色发展协作，推进生态环境共保联治。例如，在推动京津冀协同发展中，突出生态环境联建联防联治，强化区域污染协同治理，促进人口、经济、资源、环境协调发展。在推动长江经济带发展中，突出共抓大保护、不搞大开发，坚持把强化区域协同融通作为着力点，坚持省际共商、生态共治、全域共建、发展共享，进一步推动长江经济带高质量发展。在推动黄河流域生态保护和高质量发展中，坚持以水定城、以水定地、以水定人、以水定产，注重地方上下游、左右岸、干支流的协同运作，积极探索富有地域特色的高质量发展新路径。这一系列重要举措，有力增强了我国经济社会发展全面绿色转型的系统性、协同性、有效性，为推动绿色高质量发展汇聚强大合力。

让绿水青山持续发挥多重效益[*]

党的二十届三中全会提出，加快完善落实绿水青山就是金山银山理念的体制机制，强调"健全生态产品价值实现机制"。这是党中央聚焦建设美丽中国、进一步深化生态文明体制改革作出的重大制度安排，为拓宽绿水青山转化为金山银山的路径，实现生态惠民、生态利民、生态为民提供了有力制度保障，对推进人与自然和谐共生的中国式现代化具有重要意义。

绿水青山既是自然财富、生态财富，又是社会财富、经济财富

党的十八大以来，在习近平生态文明思想科学指引下，我国生态环境保护发生了历史性、转折性、全局性变化，绿水青山就是金山银山重要理念也成为全党全社会的共识和行动。

近年来，各地因地制宜、积极实践，结合资源禀赋、区位优势等，持续探索产业生态化、生态产业化路径和模式，不断提升绿水青山的含金

---

* 原文刊登于《光明日报》2024 年 8 月 15 日第 7 版，作者：俞海。

量、金山银山的含绿量，探索形成了"守绿换金、添绿增金、点绿成金、借绿生金"等转化路径，挖掘培育了生态农业、生态旅游、生态工业、生态补偿等转化模式，源源不断将生态资源转化为经济资源、把生态优势转化为发展优势。例如，福建省三明市把生态文明建设摆在突出位置，在全国率先放活林权，首创林业碳票，促进林业碳汇价值变现，让老百姓"不砍树也能致富"；黑龙江省漠河市不断筑牢北疆生态安全屏障，大力发展林下经济、森林旅游等特色产业，持续将"冷资源"转化为"热经济"。

各地的生动实践有力诠释了保护生态环境就是保护自然价值和增值自然资本，就是保护经济社会发展潜力和后劲。因此，必须坚持生态优先、节约集约、绿色低碳发展，锲而不舍、久久为功，促进绿水青山更好转化为金山银山。

绿水青山向金山银山转化的堵点难点亟待破解

良好的生态环境蕴含着无穷的经济价值。我国生态产品价值实现还处于起步探索阶段，一些深层次体制机制障碍尚未有效破除，绿水青山向金山银山转化仍面临一些堵点难点，既需要理论创新，也需要实践突破，更需要深化改革。

一是生态产品界定度量存在障碍。在生态产品界定上，多数地方实践主要局限在生态物质产品、调节服务和文化服务等，对生态产品的定义较为模糊；自然资源资产底数、产权不够明晰；生态产品认证评价标准分散，生态标识、碳标识、绿色标识应用不足。在生态产品价值核算上，存在指标体系差异大、方法不统一、数据质量有待提升、市场认可度不高等问题，进而导致各地区生态产品价值核算结果可比较性不高、可应用性不强，难以在生产经营开发、抵质押融资、生态环境损害赔偿、生态保护补偿等应用场景得到各方普遍认可。

二是生态产品规模化供给能力不强。生态产品供给地区大多基础条件相对薄弱，缺乏基础设施建设和配套支撑保障体系；大部分生态产业集中在生态产品初级加工、旅游资源开发等初级阶段，且经营主体分散、生态产品供需对接难、品牌效应弱、第一、第二、第三产业融合发展不足，经营开发水平不高。一些地区生态产品开发项目忽视自然环境的独特性，盲目复制其他地区模式，产品同质化严重；一些地区生态产品开发项目依赖政府补贴，"造血"能力偏弱，可持续性不强。此外，生态产品消费潜力未完全释放，也制约着生态产品供给能力的提升。

三是生态产品价值转化支撑保障存在短板。受生态产品项目开发经营周期长、利润率相对不高、投资收益风险大等因素影响，绿色信贷、绿色基金等金融工具的服务功能发挥不够，资源环境要素价格形成机制仍需进一步健全完善。同时，生态产品价值实现仍缺乏专门的、系统的法规标准，生态环境保护者未获得合理回报、受益者未支付足够费用、破坏者未付出相应代价、受害者未获得应有赔偿等分配不平衡的问题依然不同程度存在。此外，数字技术对生态补偿、产权界定、价值核算、产品增值、市场交易等环节的赋能仍需进一步提升。

加快完善落实绿水青山就是金山银山理念的体制机制

拓宽绿水青山转化为金山银山的路径，是全面建设美丽中国、推进人与自然和谐共生中国式现代化的必然要求。要深入学习贯彻党的二十届三中全会精神，坚持以习近平生态文明思想为指导，加快完善落实绿水青山就是金山银山理念的体制机制，让绿水青山持续发挥生态效益、经济效益和社会效益。

一是完善生态产品价值核算、评价与考核机制。为此，应深化生态产品理论内涵研究，科学界定生态产品定义和分类，明晰自然资源资产产权，健全完善生态产品认证标准；加快建立针对不同区域、不同功能属性、不同类型的生态产品价值核算体系，制定生态产品价值核算规范，形成生态产品价值衡量标准；利用大数据技术开展自然资源资产普查，准确盘点生态产品存量，提高生态产品价值核算结果的准确性；针对生态产品价值实现的不同路径，探索构建行政区域单元生态产品总值和特定地域单元生态产品价值评价体系；推动生态产品价值核算结果在政府决策和绩效考核评价中的应用，以及在生态保护补偿、生态环境损害赔偿、经营开发融资、生态资源权益交易等方面的应用，不断完善生态产品价值实现的约束激励机制。

二是不断健全生态产品经营开发机制。为此，应拓展生态产品价值实现模式，加快推动生态与农业、生态与乡村振兴、生态与旅游业、生态与文化产业等的深度融合；挖掘和运用山水林田湖草沙等生态要素，加大高质量生产要素投入，大力促进第一、第二、第三产业融合发展，提高优质生态产品供给能力；促进生态产品价值增值，打造特色鲜明的生态产品区域公用品牌，精准捕捉产品特色、精准定位消费场景、精准把控产品品质，加强品牌培育和保护，发挥生态产品溢价效应；发挥相关优质生态产业资源整合效应,深化生态产业规模化集群建设。

三是持续完善生态产品市场化交易机制。为此,应加强绿色金融政策支持和制度创新,引导金融机构开展绿色信贷,完善生态产品经营项目的融资抵押机制,探索生态产品资产证券化路径和模式;健全生态产品市场经营机制,推进生态产品供需精准对接,搭建资源方与投资方、供给方与需求方之间的桥梁,打通生态产品生产、流通、消费渠道;健全生态保护补偿制度,结合地区生态环境治理投入、治理成效等,因地制宜构建生态补偿标准体系,明确补偿主体、标准、范围、方式、机制等,提高补偿资金使用效益。

四是进一步健全生态产品价值实现支撑保障机制。为此,应建立健全资源环境要素市场化配置机制,引导各类资源环境要素向发展新质生产力集聚;优化生态产品价值实现财政支持,确保财政投入同建设任务相匹配;加大对市场化资金的引导,吸引社会资本参与区域流域公共性较强领域的生态保护补偿工作;积极探索加强生态产品价值实现专项法规标准研究工作,加强生态产品价值实现有关环节立法保障工作,指导地方因地制宜出台法规或规范性文件;加强数字技术赋能,推动大数据、5G、人工智能、物联网等在生态产品价值实现机制中的应用,打通生态产品分配、评估、流通、消费等各个环节。

强化美丽中国建设法治保障 *

　　"法者，治之端也。"法律是治国之重器，法治是治国理政的基本方式。生态文明建设是党治国理政的重要内容，离不开强有力的法治约束。习近平总书记强调，必须始终坚持用最严格制度最严密法治保护生态环境，保持常态化外部压力。把生态文明建设纳入法治化、制度化轨道，首要的就是要融会贯通、全面落实习近平法治思想和习近平生态文明思想，以法律的武器保护生态环境，用法治的力量建设美丽中国。

　　法律是生态环境治理的准绳。我国古代就把关于自然生态的观念上升为国家管理制度，专门设立掌管山林川泽的机构，制定政策法令。习近平总书记在考察四川剑门关附近的翠云廊时指出，这片全世界最大的人工古柏林，之所以能够延续得这么久、保护得这么好，得益于明代开始颁布实行"官民相禁剪伐""交树交印"等制度。新中国成立后特别是改革开放后，经济快速发展的同时，破坏生态环境的行为也频频发生、屡禁不止，导致一些地区生态环境质量恶化、风险加剧。其中，很大一部分问题与生

---

*　原文刊登于《民主与法制》周刊 2024 年第 21 期，作者：胡军。

态环境保护体制不健全、制度不严格、法治不严密、执行不到位、惩处不得力有关。因此，让人民群众在美丽家园中共享自然之美、生命之美、生活之美，防止过度索取、肆意破坏，就要有明确的边界、严格的制度。必须构建科学严密、系统完善的生态环境保护法律制度体系，以法治理念、法治方式推动生态文明建设。

"立善法于天下，则天下治；立善法于一国，则一国治。"经过长期努力，我国生态环境法治建设取得显著成效，生态文明制度体系的"四梁八柱"基本形成。党的十八大将"中国共产党领导人民建设社会主义生态文明"写入党章，党的十九大又在党章中增加了"增强绿水青山就是金山银山的意识"内容。2018年3月通过的宪法修正案将生态文明和美丽中国建设写入宪法，实现了党的主张、国家意志、人民意愿的高度统一。我国先后制定修订相关法律、行政法规30余部，形成"1+N+4"中国特色社会主义生态环境保护法律制度体系。《中华人民共和国环境保护法》确立了按日连续罚款等处罚规则，《中华人民共和国民法典》专设"环境污染和生态破坏责任"一章，现行有效的生态环境标准总数达到了2 300多项。深入推进中央生态环境保护督察，有序开展两轮督察，成为推动地方党委和政府及其相关部门落实生态环境保护责任的硬招实招。坚持以"零容忍"态度依法严厉惩处恶意环境违法行为，仅2023年就查处违法案件2 906起，罚款4.71亿元，移送公安机关涉嫌犯罪案件1 624起，执法监管"刚性约束"逐步确立。

"治国无其法则乱，守法而不变则衰。"越是强调生态文明法治，越是要持续完善生态环境法治，以良法保障善治。一是健全完善生态环境法规标准。积极推进生态环境法典编纂，研究制定地方党政领导干部生态环境保护责任制、生态环境保护督察工作条例等。推动制定碳排放权交易管理暂行条例、消耗臭氧层物质管理条例等行政法规，制定修订海洋环境保护法配套法规规章等。全面贯彻落实《生态环境损害赔偿管理规定》，不断健全生态环境标准体系。二是不断提升督察执法监管效能。深入开展第三轮中央生态环境保护督察，将美丽中国建设情况作为督察重点，在省域督察中统筹流域督察。强化执法监管，加大重点区域空气质量改善监督帮扶和统筹强化监督力度，联合打击危险废物环境违法犯罪。完善生态环境行政处罚制度，加大排污许可监督执法力度。三是持续推进生态环境领域法治政府建设。坚持依法行政，严把行政规范性文件合法性审核、重大执法决定法制审核。持续深化生态环境保护综合行政执法改革。扎实做好生态环境行政复议监督，严格依法监管。加大生态环境领域普法力度，坚持"谁执法谁普法"，全面推进生态环境法律法规规章实施，为建设人与自然和谐共生的美丽中国提供有力法治保障。

绿色金融服务美丽中国建设的
几个着力方向*

党中央、国务院高度重视绿色金融工作，2023 年 7 月，习近平总书记在全国生态环境保护大会上指出，要大力发展绿色金融，推动生态环境导向的开发模式和投融资模式创新，探索区域性环保建设项目的金融支持模式，引导各类金融机构和社会资本投入。同年 10 月，习近平总书记在中央金融工作会议上强调，做好科技金融、绿色金融、普惠金融、养老金融、数字金融"五篇大文章"。同年 12 月，印发《中共中央 国务院关于全面推进美丽中国建设的意见》，要求大力发展绿色金融，为美丽中国建设提供融资支持。一系列重要决策部署为绿色金融发展提供了根本遵循和行动指南，为深入做好绿色金融服务美丽中国建设相关工作，应积极凝练经验、总结不足，找好着力点。

---

* 原文刊登于《中国环境报》2024 年 6 月 20 日第 3 版，作者：胡军、田春秀。

绿色金融工作取得的积极进展

一是绿色金融政策体系初步建立。党中央、国务院对发展绿色金融作出系统部署，《生态文明体制改革总体方案》《中共中央　国务院关于深入打好污染防治攻坚战的意见》《中共中央　国务院关于全面推进美丽中国建设的意见》等重要政策文件均提出明确要求。金融部门、生态环境部门先后发布适用于不同绿色金融产品的专门目录、指引等可操作性强的文件。

二是绿色金融产品和服务不断丰富。我国已形成多层次的绿色金融产品和市场体系，绿色信贷和绿色债券市场规模快速增长，绿色保险覆盖面明显拓宽。设立国家绿色发展基金和七省（自治区、直辖市）十地绿色金融改革创新试验区，在北京市密云区、河北省保定市等 23 个地方开展气候投融资试点。碳排放交易市场平稳有序推进，排污权交易试点进展顺利，重启全国温室气体自愿减排交易市场，建立生态环境导向的开发（EOD）模式和生态环保项目储备库，鼓励发展绿色股票、绿色信托、绿色租赁等，有效实现了环境要素市场定价功能。

三是环境信息披露取得积极进展。《企业环境信息依法披露管理办法》《企业环境信息依法披露格式准则》《金融机构环境信息披露指南（试行）》等文件印发实施，对环境信息披露主体、内容和时限等作出了明确要求，鼓励金融机构逐步披露相关环境信息，主动参与制定和试用全球可持续信息披露标准。统筹美丽中国建设和经济社会发展总体形势，努力构建并打好"环境信息依法披露＋环保信用＋环境保护综合名录"等政策"组合拳"，协同有力推动经济社会绿色低碳转型升级。

遇到的困难和挑战

在法律保障方面。现有的绿色金融法律法规还不健全，国家层面尚没有针对绿色金融的专门立法。相关监管体系约束力有限，存在权责归属不明确、问责惩罚机制缺失等问题。多数绿色金融产品处于行业自律或倡议鼓励阶段，金融机构的环境法律责任制度缺位，完善法律监管体系任重道远。同时，由于大量绿色低碳高质量发展的技术性规范处在逐步发展完善过程中，推动相关立法工作仍面临障碍。

在政策配套方面。绿色金融政策体系建设仍处于初期探索阶段，市场存在自主驱动力不足、创新能力不够、回应绿色发展需求滞后等问题。特别是在新兴的碳市场和绿色金融政策协同上，碳排放权交易市场的政策体系还不健全、定价机制不完善，支持绿色低碳转型的资源配置功能还未能充分发挥，防范化解气候变化相关金融风险还存在薄弱环节。

在资金支持方面。国家和地方通过货币政策工具、财税补贴、绿色基金、绿色贴息、保险补助、强化考核激励、鼓励市场创新和建立项目库等多种方式开展了积极探索，引导资金向绿色低碳和气候友好项目倾斜。目前，资金支持无法满足庞大的绿色低碳转型资金需求，据国家气候战略中心测算，我国到2060年在绿色投融资方面面临的新增投资需求规模达到了139万亿元，每年资金缺口大概在1.6万亿元以上。绿色投融资普遍面临投入金额大、回报周期长、收益相对较低的困境，影响了社会资本参与绿色金融的积极性和主动性，需出台更广泛的财税支持工具和更细化的风险分担机制，撬动更多的社会资本投入绿色产业。

在环境信息披露方面。生态环境部、证监会、中国人民银行、国资委等部门信息披露制度分层次、分步骤有序出台，信息披露整体水平逐年提高，但与国际强制性环境、社会和治理（ESG）信息强制披露制度相比，境内外监管落差仍然较大，强制披露范围有限、信息披露要求过松以及披露信息质量参差等短板依然存在。同时，不同部门、不同类型金融机构的披露标准不统一，不利于披露结果的推广应用。

在机制建设方面。各类环境权益交易市场运行机制有待完善，交易价格偏低、整体交易不太活跃，达到能够发挥调节资源配置的目标尚需时日。企业及其他主体的环境数据是绿色金融产品创新、有效监管和标准完善等方面的重要依托，目前跨部门、跨区域的环境信息共享机制已初步建立，但各部门各自为政、统筹协调不足、数据壁垒未打通现象仍然存在。

绿色金融服务美丽中国建设的着力方向

建设美丽中国，发展新质生产力，推动绿色低碳高质量发展都离不开绿色金融的长期稳定支持，要做好绿色金融这篇大文章，我们认为近期应重点关注以下几个着力方向。

一是加强绿色金融与全国碳市场的政策协同。充分借鉴欧美碳市场和国内地方试点碳市场有益经验，全面系统研究全国碳市场引入投资机构的利弊、风险和具体时机，适时扩大全国碳市场交易品种和交易主体。研究制定金融机构的准入门槛、进场顺序等实施细则，明确分批次、分阶段引入投资机构的时间表和路线图；制定统一可行的技术规范，建立联合监管机制，明确各部门责任分工，做好投资机构监管的分工和衔接，形成监管合力；加强信息披露和部门间信息共享，推动数据、系统互联互通，增加市场透明度、降低不确定性和市场风险，消除监管盲点、形成管理闭环。就配额质押融资业务管理出台专门规定，明确业务流程、申请条件、贷款用途、融资期限等具体技术问题，规范和引导包括配额质押、回购、碳期货等在内的绿色金融业务发展。

二是加大对生态环境项目绿色金融支持力度。用好用足政策性、开发性金融工具，支持生态环境领域污染防治基础设施和重大项目建设。积极推进涉重金属、石油化工、危险化学品、危险废物等环境高风险经营单位环境污染责任保险业务，鼓励各地建立健全环境污染责任保险制度，提升工矿企业用地性质变更、退出、再开发环节的环境风险保障水平。鼓励金融机构围绕节能环保、清洁能源、生态保护修复和利用、应对气候变化等领域，结合自身经营特点，完善绿色金融奖补和激励，积极开展信用类、权益类及投行类金融产品和服务创新，加大对生态环境项目经营开发主体中长期贷款支持力度，加快推进排污权、用能权、碳排放权市场化交易，合理降低融资成本。引导金融机构积极参与 EOD 项目和气候投融资项目的谋划和评审，确保项目尽快落地。

三是加快引导金融资源支持传统工业绿色转型和绿色技术创新。加快研究制定工业绿色发展指导目录和项目库，将绿色金融相关标准与实践扩展至传统"两高"行业绿色低碳转型领域，引导金融资金支持石化、化工、建材、钢铁、有色、造纸、电力、航空等行业技术进步和转型升级。加大金融支持绿色低碳重大科技攻关和推广应用的力度，强化基础研究和前沿技术布局，加快先进适用技术研发和推广，推动节能环保产业从传统的污染治理向减污降碳、多污染物协同减排、应对气候变化、生物多样性保护、新污染物治理、核安全等重点领域扩展，协同推进降碳、减污、扩绿、增长。

四是完善气候投融资政策体系。会同有关部门加快支持和指导试点地方建立各相关部门间的工作协调机制，积极培育具有显著气候效益的重点项目，积极搭建国际交流与合作平台。定期组织对试点工作进展和成效进行总结评估，及时梳理先进经验和做法，探索一批气候投融资发展模式，形成可复制、可推广的成功经验，服务绿色低碳转型和经济高质量发展。

五是建立健全生物多样性投融资渠道和管理机制。充分发挥生物多样性保护基金引导作用，推进生物多样性保护融资模式和产品创新，探索建立生物多样性保护信贷、债券、保险等融资工具，拓宽融资渠道。将生物多样性风险纳入全流程风险管理，采用类似气候变化领域的碳汇核证模式，科学核算生态系统服务"盈余"和"增量"，认证成为标准化的生物多样性信用，并将该信用与企业的授信额度及贷款利率挂钩。加强相关信息披露，建立生物多样性保护信息的统一管理和发布机制，及时有效掌握生物多样性保护承贷主体融资需求及其真实情况，提高金融支持生物多样性的数量、质量和效率。

六是完善绿色金融推动美丽中国建设的机制保障。建立绿色金融高层协调机制，强化部门间统筹协作，深化开展数据信息共享、协调联动和分析预警。建设符合绿色项目融资特点的绿色金融服务体系，制定绿色低碳技术/项目环境效益评估导则、企业绿色低碳转型战略评估技术导则等配套文件。加快构建符合我国国情的 ESG 评价体系，完善金融机构绿色金融考核评价机制，加大对金融机构绿色金融业务及能力的评价考核力度。

凝聚全民力量　共建美丽中国[*]

　　近日，生态环境部等多部门联合印发《关于深入开展"美丽中国，我是行动者"系列活动工作方案》（以下简称《方案》），对未来两年美丽中国全民行动推动工作进行了系统部署，明确了重点工作内容和部门职责分工，对于更好更快地推动"十四五"美丽中国共建、共治、共享具有重要意义。

充分认识《方案》的重要意义

　　《方案》的出台是新时代美丽中国建设的需要。当前，美丽中国建设迈出重大步伐，但也要清醒地看到，我国生态文明建设仍然处于压力叠加、负重前行的关键期，发展方式绿色低碳转型任重道远，生态环境质量稳中向好的基础还不牢固，生态环境安全压力持续加大，全面推进美丽中国建设需要全社会深度参与。习近平总书记在全国生态环境保护大会上强调，"全面推进美丽中国建设，加快推进人与自然和谐共生的现代化""激

---

* 　原文刊登于《中国环境报》2024 年 5 月 31 日第 3 版，作者：田春秀。

发起全社会共同呵护生态环境的内生动力"。《中共中央　国务院关于全面推进美丽中国建设的意见》明确"开展美丽中国建设全民行动"是全面推进美丽中国建设的重点任务之一。《方案》的出台，既是对全国生态环境保护大会精神的落实，对《中共中央　国务院关于全面推进美丽中国建设的意见》的落实，也是对《"美丽中国，我是行动者"提升公民生态文明意识行动计划（2021—2025 年）》目标任务的全面落实。

《方案》是推动经济社会发展全面绿色转型的重要抓手。经济社会发展全面绿色转型是对经济社会系统全方位、全领域、全过程、全链条、全周期的绿色化改造，生产方式和生活方式绿色转型缺一不可。《公民生态环境行为调查（2022 年度）》显示公众普遍具备较强环境行为意愿，但不同城市、不同群体、不同行为领域生态环境行为"知行合一"存在较大差距，如绿色消费、垃圾分类、志愿服务等方面，仍有较大提升空间。《方案》倡导生活方式和消费方式绿色化、低碳化，既可以规范和引导全民践行绿色生活方式，又可以倒逼生产方式绿色化，以需求侧的绿色低碳推动供给侧的绿色转型，实现从源头上保护生态环境，增强绿色生产与消费、绿色供给与需求的良性互动循环。

《方案》的出台为地方提供具体行动的指南。美丽中国建设全民行动涉及多个主体、多个领域、多个部门，需要政府、企业、社会多方同向发力。《方案》紧紧围绕生态文明建设和美丽中国建设面临的形势与任务，提出深入开展"美丽中国，我是行动者"系列活动的目标与任务内容，对深入学习宣传贯彻习近平生态文明思想作出要求，对构建多元行动体系作出具体安排，尤其是明确了系列活动"干什么""怎么干"，对地方政府及相关管理部门的职责、任务和组织实施等作出明确要求，具有较强的指导性和可操作性，为今后两年地方开展相关工作提供了详细行动指南。

加快推动《方案》落实落细

为了更好地推动《方案》落地见效，要着力做好以下几项工作：

一是坚持以习近平生态文明思想为引领。各级相关部门要深入学习贯彻领悟习近平生态文明思想的科学内涵和核心要义，深入理解《方案》对于推进现阶段美丽中国建设的重要意义，用习近平生态文明思想更好地指导具体实践工作。同时，要强化对习近平生态文明思想的大众化传播，这也是《方案》提出的针对各类社会主体的宣传教育要求。通过加强习近平生态文明思想大众化传播，推动习近平生态文明思想深入基层、深入企业、深入群众，更好地汇聚各类社会主体参与生态环境保护和美丽中国建设的力量。

二是加强跨部门协作联动与交流。一方面，各地应对照《方案》，并根据当地生态文明建设实际及部门情况，进一步细化明确部门分工和职责；另一方面，要加强跨部门交流合作，更好地统筹共享各类资源、平台，并开展不定期经验交流等。如针对社区生态环境志愿服务活动、家庭绿色生活方式倡导活动，各级生态环境、社会工作、文明办、妇联、共青团等应加强协作，围绕项目策划、队伍建设、组织培训、激励引导等方面开展合作，同时用好新时代文明实践中心、各类文化设施及环境教育设施等平台。

三是完善创新社会激励引导机制。构建和完善低碳行为激励回馈机制，进一步激发各类社会主体参与主动性。建立完善碳普惠机制，拓展低碳用电、绿色消费、绿色出行等碳普惠应用场景，激励引导小微企业、社区家庭和个人参与碳减排。鼓励各类企业、平台、公益机构等发挥创造性，如结合数字化、区块链技术手段，开发全民绿色行动平台、小程序、公益项目等，提供更多绿色低碳产品和服务，为公众践行绿色生活方式提供更多新模式、新平台。

四是充分发挥行业协会商会的作用。部分行业协会商会长期关注各类环境议题，拥有丰富的社会资源、调查与活动经验，是连接政府、企业与公众之间的桥梁与纽带。要充分发挥行业协会、商会在园区减污降碳宣传教育活动、企业生态环境保护开放活动、社区生态环境志愿服务活动、学校生态文明教育实践活动、家庭绿色生活方式倡导活动、个人低碳行为习惯养成活动等方面的参与和推动作用。各地可通过政策引导、项目资助、购买服务、组织培训等多种方式，加大对行业协会、商会的支持力度。

五是开展定期评估与典型推广。完善系列活动成效评估机制，对系列活动实施情况进行评估。定期组织开展公民生态环境行为调查，掌握公众生态环境意识和行为基本情况及其变化趋势，有针对性地开展宣传引导工作。及时总结活动典型经验，积极选树各类典型案例，如生态文明宣教特色园区典型案例、企业生态环境保护开放活动典型案例等，组织开展好"寻找最美家庭""寻找美丽中国低碳达人"活动，并做好线上线下宣传推介，增强各类社会主体参与的荣誉感、获得感，为社会各界参与生态文明建设提供榜样示范和价值引领。

减污降碳协同增效是实现
美丽中国建设目标的
有效路径 *

　　《中共中央　国务院关于全面推进美丽中国建设的意见》（以下简称《意见》）的发布，全面推进美丽中国建设、加快推进人与自然和谐共生的现代化有了具体遵循。《意见》强调"协同推进降碳、减污、扩绿、增长"，并将"开展多领域多层次减污降碳协同创新试点"作为推进美丽中国建设的重点任务之一。

　　美丽中国建设将"开展多领域多层次减污降碳协同创新试点"纳入重点任务，围绕有着怎样深层次的考虑、各地有哪些值得借鉴的经验做法、成效又该如何评估、下一步各地减污降碳协同创新试点工作该如何推进等问题，中国环境报记者采访了习近平生态文明思想研究中心副主任、生态环境部环境与经济政策研究中心副主任田春秀。

---

* 　原文刊登于《中国环境报》2024年3月18日第3版，作者：田春秀。

推动减污降碳协同增效是实现美丽中国建设目标的必然选择和有效路径

记者：在您看来，《意见》为何将"开展多领域多层次减污降碳协同创新试点"纳入美丽中国建设重点任务？减污降碳协同增效与美丽中国建设有着怎样深层次的联系？

田春秀：《意见》明确提出到 2027 年、2035 年及 21 世纪中叶美丽中国建设的目标路径、重点任务和重大政策，强调"协同推进降碳、减污、扩绿、增长"，并将"开展多领域多层次减污降碳协同创新试点"作为推进美丽中国建设的重点任务之一，这意味着推动减污降碳协同增效是实现美丽中国建设目标的必然选择和有效路径。我认为，可以从 3 个方面阐述推动减污降碳协同增效与美丽中国建设之间的关系。

首先，这是贯彻碳达峰碳中和决策部署的重要举措。2022 年 6 月，生态环境部等 7 部门联合印发《减污降碳协同增效实施方案》，对推动减污降碳协同增效作出系统部署。2023 年 7 月，生态环境部印发实施《城市和产业园区减污降碳协同创新试点工作方案》，并于 12 月发布第一批城市和产业园区减污降碳协同创新试点名单。通过推动减污降碳协同增效，倒逼能源结构、产业结构、交通运输结构等转型升级，能够为实现碳达峰碳中和目标打好坚实基础。

其次，这是提升生态环境综合治理效能的关键支撑。新发展阶段，生态环境保护必须从单目标转向多目标管理，思路上从末端治理转变为强调源头治理，管理要素上强调大气、水、土壤、固体废物等环境要素以及生态建设与温室气体减排的协同治理。推动减污降碳协同增效，有利于科学把握生态环境保护与应对气候变化工作的整体性，一体谋划、一体部署、一体推进、一体考核，推动生态环境治理由点到面、由面及里，以最小成本、最高效率协同推动碳排放达峰后稳中有降，生态环境根本好转。

最后，这也是健全美丽中国建设保障体系的实践要求。一方面，推动减污降碳协同增效有助于增强生态环境政策与经济产业政策间的协同性，更好地发挥生态环境保护在宏观经济治理体系中的作用，最大限度地实现经济、社会、生态、气候等效益多赢；另一方面，开展减污降碳协同创新试点有助于地方在结合实际创新推动上下功夫，坚持边工作边探索、边总结边提升，总结推广一批效果好、可复制的典型经验和模式，适时将减污降碳协同创新的有益做法与实践经验上升到制度层面，进一步为全面推进美丽中国建设提供坚实的制度保障。

各地围绕加快构建减污降碳一体谋划、一体部署、一体推进、一体考核的制度机制，涌现出一批典型经验做法和案例

记者：现阶段围绕减污降碳协同增效，助推美丽中国建设，各地有哪些可供参考和借鉴的先进经验？

田春秀：截至目前，31个省（自治区、直辖市）和新疆生产建设兵团均已出台减污降碳协同增效工作方案，并且多地将减污降碳要求纳入"十四五"规划。各地围绕加快构建减污降碳一体谋划、一体部署、一体推进、一体考核的制度机制，涌现出一批典型经验做法和案例。

在省级层面，浙江省于2022年开展全国首个减污降碳协同增效创新区建设，通过强化部门协作、发布协同指数、实施多元激励、推进数字智治，分城市、园区、企业探索协同治理路径，其有关经验做法在全国范围内推广。重庆市积极推进气候投融资试点，推动排污许可与碳排放协同管理，将碳排放纳入环境影响评价和环境统计，编制污染物和温室气体排放融合清单，搭建了"碳污智治"管理系统。

在市级层面，浙江省杭州市打造首届减污降碳协同亚运会，发布首个"无废赛事"实施指南。河南省南阳市形成规模以下养殖户畜禽污染防治的"内乡模式"，打造集"养殖—沼肥—绿色农业"于一体的"牧原绿色低碳模式"。洛阳市推动氢能产业链发展，推进普及氢能重卡、氢能叉车等绿色能源运输车辆应用。安徽省淮南市立足煤电资源优势，深挖煤电潜力，探索煤电化气全产业链减污降碳协同路径。重庆市潼南区推动园区电镀废水集中治理，提升中水回用率，探索重金属废水零排放，实施物耗能耗系统智能化管理。

在园区层面，合肥高新区以"降碳带动减污、发展低碳新质经济"为着力点，创新减污降碳协同管理制度，率先实施工业碳积分试点，创新实施碳积分贷、亩均贷等绿色金融产品，对减污降碳协同创新领跑者实施奖励。襄阳高新区创新提出将监督帮扶制度与清洁生产审核相结合，以清洁生产审核促进减污降碳协同发展。重庆西彭工业园区积极推动铝行业减污降碳协同创新，推动形成涵盖上游电解铝—中端铝型材供应—下游精深加工—末端回收再利用的全铝行业闭环式产业链。

下一步，要引导重点区域、城市、园区、企业从自身发展水平和特点、资源能源禀赋、协同减排潜力等方面出发，形成各具特色的减污降碳协同创新做法和有效模式

记者：《意见》提出开展美丽中国监测评价，实施美丽中国建设进程评估。随着各地减污降碳协同增效的加快推进，其成效该如何评估，有何标准？

田春秀：《意见》明确 7 个重点领域组成美丽中国路线图，"美丽系列"是现阶段推进美丽中国建设的主要抓手。不论是美丽城市、美丽乡村建设，还是园区、企业、社区等为基层单位的美丽"细胞"建设，减污降碳协同增效都是其中一项要素。制定切合实际的减污降碳协同度评价方法是减污降碳协同创新试点的重要任务之一，具有非常迫切的现实需求。

目前，国家尚未出台有关减污降碳协同度评价的指导意见，除个别地方在探索推进外，不少地方感到无所适从。从推进情况看，浙江省内制定实施了相关评价方法，如嘉兴、湖州等城市发布了减污降碳协同增效指数，实现定量化跟踪、评估、反馈；杭州市余杭区发布了减污降碳协同增效企业指数。部分学者、咨询机构等也开展了相关研究，如中国环境科学研究院等单位联合发布了《产业园区减污降碳协同增效评价指标体系》团体标准。

生态环境部环境与经济政策研究中心围绕美丽中国建设，就城市、产业园区、企业减污降碳协同度评价也开展了研究。在城市层面，围绕城市减污降碳协同度内涵，构建了城市减污降碳协同度评价指标体系。这一指

标体系将结果评价和过程评价相结合，突出重点、兼顾全面，在指标目标设置上体现区域差异性，在权重设置上突出制度创新与技术支撑。在产业园区层面，围绕产业园区减污降碳协同度内涵，构建了产业园区减污降碳协同度评价指标体系。这一指标体系同样对部分指标进行差异化设定，以提高在不同地域、不同主导产业、不同发展阶段园区开展评价的适用性。在企业层面，构建了企业减污降碳协同度评价指标体系，其中单独设置了加分项指标，以体现企业特色做法。

建议城市、园区、企业在参考相关评价指标体系的基础上，制定符合实际的减污降碳协同度评价指标体系，更好地发挥评价的导向功能。同时，加强评价结果运用，动态调整工作着力点，并纳入美丽中国建设成效考核指标体系，将考核结果作为各级领导班子和有关领导干部综合考核评价、奖惩任免的参考。

记者： 为实现美丽中国建设目标，实现碳排放达峰后稳中有降，各地有哪些共性问题需要注意？下一步该如何发力？

田春秀： 从各地推动减污降碳协同增效的工作情况来看，目前仍存在协同增效理念认识不清、制度和政策体系设计不完善、部门推进合力尚未形成、减污降碳协同治理技术和工程不足、协同推进效果不明晰等问题。下一步，要引导重点区域、城市、园区、企业从自身发展水平和特点、资源能源禀赋、协同减排潜力等方面出发，形成各具特色的减污降碳协同创新做法和有效模式。同时，在以下 4 个方面持续发力。

一是突出目标协同。要凝聚共识、形成合力，以减污为牵引强化重点区域、行业和领域降碳措施，以降碳为引领解决环境污染根源性和结构性问题。城市层面要推动主要污染物排放总量和单位工业增加值碳排放实现双下降，园区层面要在推动主要污染物弹性系数持续向好的同时实现碳排放强度下降，有效提升减污降碳协同度。

二是推进协同治理。以布局优化、结构调整为要点，充分考虑地方实际，统筹推进能源、工业、交通运输、城乡建设、农业农村、生态建设等重点领域减污降碳协同发展。以优化治理路径为重点，提升大气、水、土壤、固体废物等污染末端治理的协同成效。此外，还要从区域协同角度出发，基于国家重大战略机遇，激发产业优化、企业培育、创新试点等领域新动能。

三是加强政策创新。实施"区域能评＋产业能效评价"准入制度。探索建立碳排放"双控"制度。推进重点行业建设项目碳排放环境影响评价。构建重点工业产品全生命周期碳足迹核算体系。探索将碳排放指标纳入重点行业企业清洁生产评价指标体系。设立减污降碳协同项目库，发挥财政资金引导作用，鼓励绿色低碳金融产品和服务创新，完善协同治理技术研发奖补政策。

四是提升管理效能。加强减污降碳协同技术科技成果转化、技术集成示范和应用推广。编制大气污染物与温室气体排放融合清单。合理布设城市大气温室气体监测点位。协同开展污染物和碳排放统计、监测和信息披露。实施城市空气质量达标和碳排放达峰双管理。搭建减污降碳数智管理平台，实现"污—碳—能"的可视、模拟、管控和评估功能，提升预测、预警、预防能力。

全面、统筹、协同推进碳足迹管理体系建设 *

近日，生态环境部等 15 个部门印发《关于建立碳足迹管理体系的实施方案》（以下简称《实施方案》）。出台《实施方案》是积极贯彻落实党中央、国务院决策部署的具体行动，旨在加快建立我国碳足迹管理体系，增进碳足迹工作国际交流互信。《实施方案》任务清晰、分工明确、措施细化，注重国内统筹和国内外衔接，为碳足迹管理体系建立提供了全面统筹协同的行动指引，是开展碳足迹工作的"任务书"和"施工图"。

建立碳足迹管理体系具有重要意义

以产品碳足迹为抓手，加快建立我国碳足迹管理体系，对于推动全社会减碳和国内外碳足迹工作协同互促具有重要意义。

建立碳足迹管理体系是落实党中央国务院决策部署的具体行动。加快建立我国碳足迹管理体系，提升碳足迹管理水平是落实《中共中央　国务

---

*　原文刊登于《中国环境报》2024 年 6 月 6 日第 2 版，作者：田春秀。

院关于全面推进美丽中国建设的意见》"构建绿色低碳产品标准、认证、标识体系"以及 2024 年政府工作报告提出的"建立碳足迹管理体系"任务要求的具体行动。

建立碳足迹管理体系是推动全社会减碳的重要手段。建立碳足迹体系，摸清生产端"碳家底"，有助于推动供应链全链条碳减排。碳足迹以标识形式向消费端进行展示，增强产品品牌价值的同时也能培育低碳消费习惯，有利于推动形成"由点到链再到网"的全社会减碳模式。

建立碳足迹管理体系是推动国内外碳足迹工作协同互促的有效举措。欧美等发达国家（地区）建立以碳边境调节机制、《欧盟电池与废电池法》为代表的涉碳贸易政策，对产品碳足迹提出了成本或准入要求。建立兼具中国特色和国际影响的碳足迹管理体系，推动国际国内规则相互衔接，有利于协同促进国内碳足迹管理水平提升和积极应对国际涉碳贸易政策新形势。

《实施方案》提供了全面统筹协同的行动指引

《实施方案》从管理体系、工作格局、规则互信、能力建设四个方面明确了任务分工，按照发挥协同作用、形成最大合力的要求，与现有碳足迹政策实现了衔接和延伸，为碳足迹管理体系建设提供了全面统筹协同的行动指引。

一是强调全链条覆盖。碳足迹涉及产品全生命周期和不同生产环节，需从全链条开展工作指引。《实施方案》清单式列出 22 项主要任务，覆盖核算规则、核算因子、标识认证、分级管理、信息披露等产品碳足迹工作的全流程，以及基础能源、原材料、中间品、制成品等全链条产品，从财政金融、贸易产业、应用场景、政策协同等全方位、多角度为碳足迹工作开展提供支持，并提出为碳足迹工作提供人才培养、数据质量管控、计量支撑等多层次、多领域保障服务，体现了对碳足迹工作各环节的"全覆盖"。

二是统筹多主体参与。碳足迹工作涉及多个行业、多种产品、多个环节、多个领域，需动员社会主体广泛参与。《实施方案》充分听取和吸纳了各方意见，由15个部门联合印发，涉及19个部门具体工作，明确充分发挥市场决定性作用和更好发挥政府作用，鼓励研究机构、行业协会、企业等参与各项任务，最大限度地构建多方联动、共建共担共享的工作格局，体现了对碳足迹工作的统筹考虑和相关主体的"总动员"。

三是注重国内外协同。产品碳足迹是国际涉碳贸易政策关注重点，需在工作落实中做好国际国内的协同。《实施方案》坚持主动作为、务实合作，按照研判、交流、对接、合作的逻辑，在加快构建碳足迹管理体系的基础上，推动实现与大多数国家，特别是与"一带一路"共建国家产品碳足迹规则交流互认，并积极参与国际规则制定，体现了国内国际工作的"共促进"。

凝心聚力做好建立碳足迹管理体系"谋篇落子"

《实施方案》绘就了碳足迹管理体系建设的具体路径，下一步只有将《实施方案》条条抓落实，事事下功夫，相关工作方能落地见效。

一是在夯实基础上下功夫。加快推动碳足迹工作基础建设，会同相关部门尽快出台产品碳足迹核算通则标准和重点产品核算规则标准，发布基础能源、大宗商品及原材料、半成品和交通运输等重点领域产品碳足迹因子，让碳足迹工作"有章可循、有数可用"。

二是在制度供给上下功夫。加快推进产品碳标识认证制度、产品碳足迹分级管理制度、碳足迹信息披露制度建设，为碳足迹工作提供制度供给，进一步强化政策支持与协同，促进产品碳足迹与碳排放权交易、温室气体自愿减排交易、环境影响评价等机制的有机衔接，协同推进碳减排。

三是在先行先试上下功夫。选取有条件的地方、行业针对碳足迹工作重点任务开展试点，创新政策和加大支持力度，探索形成重点产品碳足迹工作"全链条"以及碳足迹工作"重点环节"的良好实践，为统筹推进和重点突破提供有益经验和借鉴。

四是在宣传解读上下功夫。充分利用媒体资源，加大产品碳足迹工作宣传力度，组织专家力量，提供政策解读、专业培训、技术服务等。及时跟进国际涉碳贸易政策走势，利用气候变化缔约方大会、世界贸易组织贸易与环境委员会等国际场合广泛宣传我国产品碳足迹工作和优秀实践案例，讲好中国故事。

着力推动减污降碳协同创新 *

今年初，生态环境部公布了第一批包括 21 个城市和 43 个产业园区减污降碳协同创新试点名单。这是具体落实 2022 年 6 月生态环境部等 7 部门联合发布的《减污降碳协同增效实施方案》的重要举措，以及《中共中央 国务院关于全面推进美丽中国建设的意见》提出"开展多领域多层次减污降碳协同创新试点"的具体落实。

当前，我国生态文明建设同时面临实现生态环境根本好转和碳达峰碳中和两大战略任务，生态环境多目标治理要求进一步凸显，经济社会发展和相关技术手段、管理和制度都需要深刻变革，亟须通过减污降碳协同创新这一新模式来实现。

推动减污降碳协同创新，可从区域、城市、产业园区和企业多层面以及生产和生活多领域发力。区域和城市层面可从创新减污降碳协同政策体系、减排路径和管理体制等开展。例如，浙江开展全国首个减污降碳协同创新区建设，首创减污降碳协同指数，为减污降碳协同创新区建设提供指

---

* 原文刊登于《经济日报》2024 年 3 月 16 日第 11 版，作者：李媛媛。

引和动力。产业园区可从探索协同减排技术路径、管理体系、基础设施协同模式、重点行业协同试点、各类园区试点创建等方面开展。例如，安徽省合肥市高新区创新实施工业企业碳积分试点，构建减污降碳"源头创新—技术开发—成果转化—新兴产业"的全链条创新体系。

实现美丽中国建设和碳达峰碳中和目标愿景是全社会的共同期待，协同推进减污降碳是我国新发展阶段经济社会发展全面绿色转型的必然选择，要在不同领域、不同部门、不同区域、不同层次加强减污降碳协同创新工作，由点及面，推而广之。

注重路径创新。路径创新是推动减污降碳协同创新工作的重要途径，进一步强化源头治理、系统治理、综合治理，充分挖掘减排潜力，加快推进产业结构调整，加快实施减污降碳协同工程，支持能源结构低碳化、移动源清洁化、重点行业绿色化、工业园区循环化转型等，打造协同增效标杆项目。

注重技术创新。技术创新是推动减污降碳协同创新工作的核心动力，在能源、废水、废气、固废、固碳和智慧化等领域开展技术探索，如构建能源协同梯级利用、开展减污降碳协同智慧化管理等。推进重点企业开展减污降碳协同治理工艺技术创新。

注重政策创新。政策创新是推动减污降碳协同创新工作的重要保障，充分利用生态环境法规标准、环境影响评价、生态环境分区管控、投融资等相关政策工具，在产业准入管理、激励政策、交易政策、监测等领域充分考虑协同创新。探索建立减污降碳协同评价方法体系，促进减污降碳协同度有效提升。

"构建从山顶到海洋的保护治理大格局"的理论与实践思考*

摘要："构建从山顶到海洋的保护治理大格局"是新时代新征程的新命题。分析研究其理论内涵与实践经验，对于进一步阐释习近平生态文明思想和在新征程上继续推进生态文明建设具有重要意义。其理论内涵主要体现在全地域、全要素、全领域、全方位、全过程、全社会 6 个方面，是对习近平生态文明思想系统观念的新丰富和新发展，是对以陆海统筹推进环境治理的拓展和深化，是对生态环境保护规律性认识的整体跃升。当前，"构建从山顶到海洋的保护治理大格局"面临多方面挑战，包括现有体制机制无法满足新发展理念要求，高质量发展和高水平保护尚未完全统筹，传统管理手段尚不能支撑科学治污、精准治污、依法治污，治理基础能力现代化尚不能满足现实需要。本文建议从顶层设计、目标路径、体制机制融合、能力保障体系等方面开展相关工作，为全面推进美丽中国建设提供参考。

---

* 原文刊登于《环境保护》2024 年第 12 期，作者：俞海、韦正峥、杨小明、王姣姣。

关键词：从山顶到海洋；保护治理大格局；陆海统筹；习近平生态文明思想

2023 年 7 月，习近平总书记在全国生态环境保护大会上提出："要坚持山水林田湖草沙一体化保护和系统治理，构建从山顶到海洋的保护治理大格局，综合运用自然恢复和人工修复两种手段，因地因时制宜、分区分类施策，努力找到生态保护修复的最佳解决方案"。2023 年 12 月发布的《中共中央　国务院关于全面推进美丽中国建设的意见》（以下简称《意见》）明确要求"构建从山顶到海洋的保护治理大格局，实施最严格的生态环境治理制度"。"构建从山顶到海洋的保护治理大格局"（以下简称"构建大格局"）是新时代新征程的新命题。本文通过阐释"构建大格局"的理论内涵，分析"构建大格局"实践已取得的显著成效及面临的主要挑战，对下一步工作思路提出建议，以期为全面推进美丽中国建设提供参考。

"构建大格局"的理论内涵

针对"构建大格局"的提出，一些研究从理论层面及顶层设计角度进行了探讨。如褚松燕等认为，"构建大格局"，推进生态环境治理体系和治理能力现代化，要加强党对生态文明建设的全面领导，坚持山水林田湖草沙一体化保护和系统治理，不断完善生态环境保护法律制度体系。张修玉等提出科学厘清工作思路、规范指引工程实施和系统加大监管力度等方面建议。赵宁等从国土空间生态修复规划角度论述"构建大格局"的具体实践，提出要逐步构建起"国家规划＋重点区域、流域、海域专项规划＋专项行动计划＋地方规划"的国土空间生态修复规划体系，为全方位、全地域、全过程推进国土空间生态保护修复提供了科学指引。崔书红从陆海统筹角度论述，认为"构建大格局"是深化海洋生态文明建设的关键环节。

《意见》提出，锚定美丽中国建设目标，要坚持做到全领域转型、全方位提升、全地域建设、全社会行动。生态环境治理是一项系统工程，不能"头痛医头、脚痛医脚"，不能各管一摊、相互掣肘，必须统筹兼顾、整体施策、多措并举，全方位、全地域、全过程开展生态文明建设。要更加注重综合治理、系统治理、源头治理，按照生态系统的整体性、系统性及其内在规律，统筹考虑自然生态各要素、山上山下、地上地下、岸上水里、城市农村、陆地海洋以及流域上下游。

"构建大格局"是对习近平生态文明思想系统观念的新丰富和新发展

习近平总书记指出："生态是统一的自然系统，是相互依存、紧密联系的有机链条。"从"统筹山水林田湖草沙系统治理"到"坚持山水林田湖草沙一体化保护和系统治理，构建从山顶到海洋的保护治理大格局"是生态文明建设系统观的进一步完善和发展。一是强调了生态环境"一体化保护和系统治理"思路，从系统和全局角度寻求新的治理之道；二是把海洋要素明确纳入系统治理范围，强调了陆地和海洋的统一保护；三是更加注重源头治理，统筹兼顾山上山下、地上地下、岸上水里、城市农村、陆地海洋以及流域上下游，从生态系统整体性出发，注重自然地理单元的完整性、生态系统的关联性、修复目标的综合性、人地耦合的整体性、跨区域的协同性。

"构建大格局"是对以陆海统筹推进环境治理的拓展和深化

党的十九大报告指出："坚持陆海统筹，加快建设海洋强国"。陆海统筹是指在陆地和海洋两大自然系统之间建立包含经济发展、资源利用、环境保护、生态安全、国家安全等全部领域的综合协调关系。生态环境保护是陆海统筹战略的重要一环。多年以来，我国环境治理工作坚持陆海统筹、综合治理，取得一系列显著成效，但仍然存在统筹协调不足、责任链条不完整、政策制度不完善等问题。因此，"构建大格局"是对以陆海统筹推进环境治理的拓展和深化，是生态环境保护的治本之策。从区域来讲，陆海统筹更多考虑沿海城市及沿海省份，而"构建大格局"除包括沿海省份、沿海城市外，还包括内陆省份；从要素来讲，陆海统筹主要考虑氮、磷等污染治理，而"构建大格局"包括从山顶到流域再到海域的全域生态保护及环境治理；从手段来讲，陆海统筹主要考虑监测、标准、环评、排污许可等环境管理制度，而"构建大格局"还包括区域规划、产业布局等综合性政策。

"构建大格局"是对生态环境保护规律性认识的整体跃升

一是加深对自然生态系统相互影响的规律性认识。从山顶到海洋，不同区域的各个生态系统的功能和运行规律不同，彼此之间又相互联系。例如，水在地球表面以气态、液态和固态的形式在陆地、海洋和大气之间不断循环，因此要先摸清自然生态系统规律，才能依靠规律制定和实施管理政策。二是加深对处理好自然恢复和人工修复的关系的认识。自然生态系统具有自我调节、自我净化、自我恢复的能力，保护生态和治理环境必须从自然生态系统演替规律和内在机理出发，统筹兼顾、整体施策，着力提升自然生态系统的自我修复能力，增强生态系统的稳定性和生态系统服务功能，形成人与自然和谐共生的格局。三是加深对从全局性角度来解决生态环境问题的认识。应统筹考虑生产、生活、生态布局，实现生产与消费、城乡与区域、国内与国际等多方面、多领域的协调发展，协同推进降碳、减污、扩绿、增长，建立更加科学合理的管理制度和体系，协调各种矛盾与冲突，促进区域可持续发展。

"构建大格局"的实践进展

2018 年，国务院机构改革推动实现生态环境地上和地下、岸上和水里、陆地和海洋、城市和农村、一氧化碳和二氧化碳的"五个打通"。"十三五"时期以来，我国累计投入近千亿元实施的 51 个"山水林田湖草沙一体化保护和修复工程"是落实习近平生态文明思想系统理念的具体实践。我国京津冀及周边区域、长三角、珠三角、汾渭平原等区域开展大气污染联防联控，有效促进重点区域大气环境质量改善。长江、黄河等大江大河流域从"以污染防治为主"向水资源、水环境、水生态"三水"统筹、协同治理转变。为打好渤海综合治理攻坚战，环渤海三省一市（辽宁省、河北省、山东省和天津市）通过各部门协同攻坚，坚持陆海统筹、系统治理，将农业农村污染防治、城市黑臭水体治理、海洋污染防治等攻坚战统筹衔接，助力近岸海域水质明显改善。从国家到地方，生态环境保护工作不断增强系统性、整体性、协同性，为"构建大格局"提供了实践支撑。

沿海地区积极探索"构建大格局"的方法和措施，积累了丰富的实践经验。河北省深入实施重点海域综合治理攻坚战，持续推进美丽海湾建设，强化陆海统筹治理机制创新，充分考虑近岸海域水质改善需求，强化省内入海河流上下游跨界断面的生态补偿，建立健全省、市、县三级跨界断面总氮生态补偿金扣缴制度。山东省落实黄河干流（山东段）水质稳定达标及总氮控制工作，要求 3 年内沿线生产、生活尾水不直接进入干流，重要支流建成"一河口一湿地"，并在小清河流域开展陆海协同共治试点，出台总氮排放控制标准，并将总氮纳入流域横向生态补偿机制。浙江省深化"五水共治"碧水行动，全域推进工业园区、生活小区"污水零直排区"建设，将入海氮、磷控制纳入"美丽浙江"和"五水共治"考核。广东省将珠江口邻近海域涉及的 6 个城市陆域及毗邻海域确定为核心区，同时将省内珠江流域上游的 7 个城市陆域确定为拓展区，大力推进入海总氮削减，强化总氮排放重点行业污染控制，加强涉氮重点行业固定污染源总氮排放控制和监管执法，全面推行排污许可"一证式"管理。海南省建立"水陆统筹、以水定陆，陆海统筹、以海定陆"的生态环境管理体系，作为其协调发展和保护的重要标准及路径。福建省以近岸海湾、河口为重点，强化精准治污，分区分类实施陆海污染源头治理，持续改善近岸海域环境质量。厦门市以筼筜湖综合治理为发端，深化推广"依法治湖、截污处理、清淤筑岸、搞活水体、美化环境"治湖 20 字方针，在五缘湾、环东海域综合整治中统筹实施陆域源头减排和海域生态扩容，以军营村、东西溪、同安湾为试点，强化流域上下游协同的生态补水、植绿护绿和生态湿地建设，实现了治海、治河、治湖、治岛、治山、治城一体化推进，构建了市域范围的"从山顶到海洋的保护治理大格局"实践样本。

新征程上面临的主要挑战

经过实践探索，从山顶到海洋的保护治理大格局已初具雏形，但我国生态文明建设仍处于压力叠加、负重前行的关键期，生态环境保护任务依然艰巨，与美丽中国建设目标要求仍有不小的差距。当前，"构建大格局"仍面临诸多挑战，主要体现在以下 4 个方面：

现有体制机制无法满足新发展理念要求

从山顶到海洋的保护治理是一项系统性、全局性的工程，必须完整、准确、全面贯彻落实新发展理念。但一直以来，生态环境保护的任务部署和目标考核均是按照行政区域和部门职责来划分的，不同地区和部门间存在不同的利益诉求和政策壁垒，"构建大格局"受到严重阻碍。一是在行政区划上，流域上下游在经济发展、水资源使用和排污治污问题上存在较大分歧。近岸海域治理责任主要由沿海地区承担，这种管理方式难以解决跨地级市乃至跨省（区、市）流域对近岸海域生态环境造成更大影响的问题。内陆地区难以"设身处地"地考虑为海洋生态环境缓解压力，沿海地区对陆源污染负荷的影响"鞭长莫及"。二是在管理部门上，"构建大格局"涉及国家发改委、自然资源、农业农村、水利、住房和城乡建设、城管等多个部门，需要统筹资源开发利用、产业布局发展、生态保护修复、环境污染防治、基础设施建设等工作，但各部门往往只关注自身职责范围内、行政区划内的问题，缺乏全局观念和协同意识。

高质量发展和高水平保护尚未完全统筹

习近平总书记强调，"处理好发展和保护的关系，是一个世界性难题，也是人类社会发展面临的永恒课题"。一是部分地区统筹绿色发展难度较大。生态环境治理进入深水区，仅靠末端治理的管控手段难以为继，必须从源头管控，加强精细化管理，坚持以绿色低碳为引领，寻求系统化的解决方案。部分省会城市进入发展动力转换期，战略性新兴产业发展不充分，产业结构布局调整优化推进缓慢，绿色生产方式转型技术应用推广不足，"三废"综合利用配套政策滞后，治理方向和重点不清、措施不足、力度不够。例如，2021年，西安市、太原市、石家庄市的第二产业占比仍分别为33.54%、49.60%及32.50%，并且2020—2021年连续两年处于全国168个重点城市空气质量排名后20位。二是产业转移导致污染转移。随着东部发达地区的劳动力、土地等生产要素成本攀升和环境保护约束趋紧，一些高污染、高耗能产业向中西部地区转移。近年来，新疆和内蒙古的采矿、电力、化工等重污染产业迅速壮大，四川、山西、湖北和安徽等地区的重污染产业产值不断提升。此外，中西部地区重点生态区与贫困地区高度重合，一些经济发展程度不高的地区由于产业基础薄弱、不具有交通优势等原因，在承接产业转移时选择权较低。重污染产业的集聚显著增加了工业污染物的排放量，而环境准入要求却没有有效发挥降低污染物排放量的作用，导致环境质量下降。

传统管理手段尚不能支撑科学治污、精准治污、依法治污

部分地区贯彻落实"精准治污、科学治污、依法治污"方针不够全面、不够平衡、不够到位，在面对复杂多样的生态环境问题时，往往难以做到科学、有效地治理。一是法律法规尚不完善。现行环境法律体系将整体生态环境按照要素和区域进行划分，有时会导致碎片化、相互重叠甚至不一致的状态，难以适应全方位、全地域、全过程的生态环境保护需求。并且，陆地、河流和海洋的生态修复、环境保护等职能分属不同部门，而各部门适用的法律法规也未有效衔接，系统性不强，部分规定的刚性约束不足。二是体制机制尚不健全。现有的协调联动机制多依靠部门间的协作配合办法与联合行动、区域间的框架协议等，在应对环境风险和灾害防治时可发挥积极的作用，但在日常工作的协同推进上具有滞后性和不协调性，迫切需要在部门间、区域间、要素间建立"上下互动""协作推进""交叉互补""左右联动"的协调联动机制。三是政策标准协同不够。国土空间规划之间、环境标准之间、环境质量标准与污染物排放标准之间、污染物总量控制与环境容量控制之间、环境质量目标管理与排污许可制度之间、排污许可制度与环境影响评价制度之间仍然存在协同不够的问题，涵盖规划引领、系统施治、严格保护、防范风险、提升能力、执法督察、科研攻关等方面的一整套政策"组合拳"尚未形成。例如，地表水和海水环境治理工作对氮、磷等污染物的治理与管控标准不衔接；流域上下游生态保护补偿制度往往难以向下延伸至河口、海域；河口区产卵场和滨海湿地等的生态需水量尚未纳入河流水资源统一调度体系。

治理基础能力现代化尚不能满足现实需要

"构建大格局"需要有先进的技术手段和较强的治理能力来解决环境治理中难啃的"硬骨头"问题。然而，一方面，我国在生态环境保护领域的技术研发和应用水平仍有待提高。当前，多污染物协同治理技术水平尚无法支撑更高效、更精准地深入打好污染防治攻坚战，传统生态环境修复技术难以满足山水林田湖草沙系统治理的要求，环保技术装备产业竞争力不强，生态环境新材料、新技术整体上处于"跟跑"阶段，环保科技创新仍面临新技术与生态环境领域融合不足等挑战。另一方面，生态环境保护基础能力仍有明显的短板。国家和地方人员队伍、监测装备、实验室建设等远不能满足"构建大格局"的监管需求。突出问题包括气候变化、生态、海洋、新污染物等新兴领域人员素质及基础能力薄弱；地方相关基础设施建设处于刚起步阶段；环境应急专业能力严重缺乏；生态环境保护综合行政执法队伍的执法能力严重不足，便携监测设备等配备不足，信息化、智能化数据分析能力不足。

对下一步工作的思考和建议

"构建大格局"涉及陆地和海洋、流域上下游、相邻区域海域之间等的协调并行，因此必须坚持问题导向、需求导向，在更大尺度、更深层次、更高层级上推动"构建大格局"理念入脑入心、见行见效。建议从顶层设计、目标路径、体制机制融合、能力保障体系等方面开展相关工作。

以习近平生态文明思想为指引，以强化"五个协同"为导向，**统筹谋划"构建大格局"顶层设计**

深入考虑大格局内部各主体、各单元、各项任务、各项责任的连通衔接，以强化"五个协同"为导向，统筹谋划"构建大格局"顶层设计，提升生态环境治理水平。一是要强化目标协同，自觉把生态环境保护工作融入经济社会发展大局，在多重目标中寻求动态平衡；二是要强化流域、海域污染协同治理，统筹考虑氮、磷等污染物控制及监测标准；三是要强化部门协同，主动加强与相关部门的协调联动，推动落实生态文明建设责任清单；四是要强化区域协同，打破以行政区域为单位的传统环境治理模式，加强区域流域绿色发展协作，强化生态环境共保联治；五是要强化政策协同，推动财税、金融、投资、价格、产业、区域、科技等政策与环保政策统筹，形成推动绿色低碳发展的政策合力。

对标美丽中国建设中长期目标，制定"构建大格局"的目标任务和路径方法，深化改革创新

对标 2035 年美丽中国建设目标谋划"构建大格局"目标任务，设置阶段性目标，强化问题导向、目标导向和结果导向，提出各领域目标改善总体思路，科学合理地设置目标任务，有步骤、有节奏地推进工作。一是深化改革创新，持续提升环境治理现代化水平。压紧压实各方责任，健全责任体系，强化法治保障、健全经济政策、完善资金投入机制。二是优化国土空间开发保护格局，统筹推动绿色低碳发展。统筹生产、生活、生态三大空间布局，坚持陆海统筹、河海联动，形成符合自然规律、经济规律的国土空间新格局；加快产业结构、能源结构转型，积极稳妥推进碳达峰碳中和。三是加强污染综合治理，持续深入推进污染防治攻坚战。推动系统保护修复，提升生态系统的多样性、稳定性和持续性；实施重大工程，支持重点区域、重点领域、重点问题治理，加快基础设施建设。四是探索试点先行，支持和指导沿海地区积极探索实践，打造示范样板。

健全"构建大格局"的全链条责任体系，推进全领域法规标准衔接，深化全过程体制机制融合

建立全面覆盖、层次清晰的责任分配机制，促进法律法规和标准规范的统一与协调，融合各环节的管理机制和体制，从全链条、全领域、全过

程等方面深入推进生态环境保护。一是将"构建大格局"理念融入环境法典编撰，构建统一的环境立法体系，提高环境法的可操作性和内在统一性，填补现行环境法律体系空白；二是探索构建"从山顶到海洋"的全链条责任分解落实机制，贯通陆海污染防治和生态保护修复的部门协同、区域联动、多方参与机制，推进规划、标准、环评、监测、执法、应急、督察、考核等政策法规的相互衔接，建立健全生态保护补偿和生态环境损害赔偿等制度体系；三是统筹污染物减排目标、生态修复工程措施、生态环境监管行动等，贯通实施城乡黑臭水体治理、农业农村面源污染治理、重点海域综合治理等攻坚行动；四是遵循"以海定陆、以水定城"的理念，构建以海洋环境承载能力和近海水域质量目标为核心的管理体制，实施最严格的生态环境治理制度。

围绕全面推进美丽中国建设，提升"构建大格局"的能力保障体系

围绕全面推进美丽中国建设，不断提升人员能力、技术水平、装备能力等，提升现代生态环境治理水平。一是强化激励政策支持。健全资源环境要素市场化配置体系，健全生态产品价值实现机制，推进生态环境导向的开发（Ecoenvironment Oriented Development，EOD）模式和投融资模式创新，深化生态保护补偿机制建设，大力发展绿色金融。二是加强科技支撑。加强关键核心技术攻关，深化企业主导的产学研深度融合，加大高效绿色环保技术装备产品供给力度，实施高层次生态环境科技人才工程，培养造就一支高水平的生态环境人才队伍。三是加快数字赋能。深化人工智能等数字技术应用，实施生态环境信息化工程，健全天、空、地、海一体化监测网络，实现降碳、减污、扩绿协同监测全覆盖。

参考文献

[1] 褚松燕. 构建从山顶到海洋的保护治理大格局，推进生态环境治理体系和治理能力现代化 [N]. 人民日报，2023-08-11(09).

[2] 张修玉. 构建从山顶到海洋的保护治理大格局 [N]. 光明日报，2023-07-22.

[3] 赵宁. 构建从山顶到海洋的保护治理大格局 [N]. 中国自然资源报，2023-11-01(03).

[4] 崔书红. 以海洋生态环境高水平保护助力海洋生态文明建设 [N]. 中国环境报，2023-12-06(03).

[5] 中宣部，生态环境部. 习近平生态文明思想学习纲要 [M]. 北京：学习出版社，人民出版社，2022.

[6] 新华社. 环保部部长李干杰：组建生态环境部将实现"五个打通" [EB/OL]. (2018-03-17).[2024-02-20]. https://www.gov.cn/xinwen/2018-03-17/content_5275063.html.

[7] 魏明海. "水污染防治"为何要向"水生态环境保护"转变？[N]. 中国环境报，2023-09-01(03).

[8] 段茂庆，张俊，刘琦，等. 渤海综合治理攻坚战助力近岸海域水质改善 [N]. 中国环境报，2024-01-23(03).

[9] 巩志宏. 河北 46 条入海河流河口断面全部消除劣 V 类 [EB/OL]. (2022-12-28). [2024-05-31]. http://www.news.cn/local/2022-12-28/c_1129238021.htm.

[10] 周雁凌，季英德. 山东建立流域横向生态补偿机制 [N]. 中国环境报，2021-09-08(04).

[11] 钱慧慧. 制度先行"治""修"结合数字赋能浙江以海蓝岸绿促人和业兴 [N]. 中国环境报，2022-11-09(05).

[12] 邢飞龙. 三大重点海域综合治理攻坚显成效 [N]. 中国环境报，2023-01-11(02).

［13］海南省人民政府办公厅.海南省"十四五"生态环境保护规划 [EB/OL].
(2021-07-22). [2024-05-31]. https://www.hainan.gov.cn/hainan/szfbgtwj/202
107/8d1c46f12a424e5a94d629535627895b.shtml.

［14］姚坤森.水岸联动守护福建"碧海银滩"[EB/OL]. (2022-01-26). [2024-
05-31]. https://politics.gmw.cn/2022-01-26/content_35475278.htm.

［15］擘画鹭岛新画卷:习近平生态文明思想的"厦门实践"[EB/OL]. (2024-
02-21). [2024-05-31]. http://politics.people.com.cn/n1/2024/0221/c100-
40180238.html.

［16］张浩,高曼.推动构建从山顶到海洋的治理格局 [N].中国环境报,2023-
08-03(05).

［17］韦正峥,杜晓林,张猫姮,等.我国新时代美丽城市建设分异性策略研究 [J].
中国环境管理,2024(2): 40-48.

［18］陈宏阳,余建辉,张文忠.中国重污染产业空间集聚及其环境效应:特
征与启示 [J].中国科学院院刊,2023,38(12): 1939-1949.

［19］孙金龙.深入学习贯彻习近平生态文明思想　全面推进人与自然和谐
共生的美丽中国建设:在 2024 年全国生态环境保护工作会议上的讲
话 [EB/OL]. (2024-01-27). [2024-02-20]. https://www.mee.gov.cn/ywdt/
hjywnews/202401/t20240127_1064955.html.

［20］童克难.全国人大代表、浙江省生态环境厅厅长方敏:构建系统化、权
威性的环境法治体系 [N].中国环境报,2021-03-10(01).

［21］姚瑞华,张晓丽,严冬,等.基于陆海统筹的海洋生态环境管理体系研
究 [J].中国环境管理,2021,13(5): 79-84.

［22］姚鹏,吕佳伦.陆海统筹战略的理论体系构建与空间优化路径分析 [J].
江淮论坛,2021(2): 75-85.

［23］崔书红.陆海统筹　河海联动　综合治理　着力构建从山顶到海洋的保
护治理大格局 [J].环境与可持续发展,2023,48(5): 43-48.

保护海洋生态环境
实现人海和谐共生 *

我国是海洋大国，海洋面积相当于陆地面积的 1/3。党的十八大以来，习近平总书记对海洋生态环境保护作出一系列重要论述，强调"要像对待生命一样关爱海洋"。在习近平生态文明思想的指引下，我国开展了一系列根本性、开创性、长远性工作，推动海洋生态环境保护发生了历史性、转折性、全局性变化。

深刻认识海洋生态环境保护的重大意义

保护好海洋生态环境，对保障国家生态安全、促进海洋可持续发展、实现人海和谐共生具有重要作用。

海洋生态环境保护是推进美丽中国建设的重要内容。2023 年 7 月，习近平总书记在广东考察时强调："海洋生态文明建设是生态文明建设重

---

* 原文刊登于《中国环境报》2024 年 7 月 18 日第 3 版，作者：俞海、韦正峥、周骁然、杜晓林。

要组成部分。沿海地区生产最密集、人口最密集，同时对自然生态影响也比较大，一定要真正重视起来，采取真正有效的措施加强保护。"《中共中央 国务院关于全面推进美丽中国建设的意见》将海洋生态环境保护纳入美丽中国建设全局，明确要求到 2027 年，全国近岸海域水质优良比例达到 83% 左右，美丽海湾建成率达到 40% 左右，到 2035 年美丽海湾基本建成。

海洋生态环境保护是推动海洋高质量发展的重要支撑。党的二十大报告提出"发展海洋经济，保护海洋生态环境，加快建设海洋强国"。海洋是高质量发展的战略要地。高水平的海洋生态环境保护可以为海洋经济高质量发展塑造新动能、新优势，为生态优先、绿色低碳的海洋经济高质量发展提供强有力的支撑。坚持海洋产业发展与海洋资源环境保护相统一，在保护中开发、在开发中保护，分区管控科学指导近岸海域各类开发保护建设活动，提升生态系统服务功能，推进海洋资源高效利用，加快构建现代海洋产业体系，推动形成循环低碳、集约高效的海洋发展新格局。

海洋生态环境保护是构建海洋命运共同体的实践基础。习近平总书记强调："我们人类居住的这个蓝色星球，不是被海洋分割成了各个孤岛，而是被海洋连接成了命运共同体，各国人民安危与共。"海洋生态环境保护是全球性议题，关乎地球生态平衡和资源合理利用，关乎人类文明永续发展，关乎海洋命运共同体的现实与未来。海洋正面临前所未有的挑战，唯有携手合作，才能有效应对气候变化、海洋垃圾污染、生物多样性丧失等全球性海洋生态环境问题，实现联合国 2030 年可持续发展目标。

新时代海洋生态环境保护取得显著成效

党的十八大以来，经过不懈努力，我国海洋生态环境质量总体改善，局部海域生态系统服务功能显著提升，海洋资源有序开发利用，海洋生态环境治理体系不断健全，人民群众临海亲海的获得感、幸福感、安全感明显提升，海洋生态环境保护工作取得显著成效。

坚持系统治理，海洋生态环境保护统筹推进。坚持系统观念、统筹兼顾，强化顶层设计，坚持规划引领，加强统筹协调，不断完善体制机制，持续推进涉海领域改革，构建从山顶到海洋的保护治理大格局。2018 年，国务院机构改革把海洋环境保护的职责整合到生态环境部门，海洋保护修复和开发利用职责整合到自然资源部门，设立 3 个流域海域生态环境监督管理机构，打通了陆地与海洋、贯通了生态与环境，构建了陆海统筹、河海联动的综合治理体系，部门间合作更加有力，区域间协同更加顺畅。

坚持人民至上，近岸海域生态环境持续改善。坚持生态为民、生态惠民，陆海统筹、河海联动，深入推进渤海、长江口—杭州湾、珠江口等重点海域综合治理，以海湾为基本单元，"一湾一策"协同推进近岸海域污染防治、生态保护修复和岸滩环境整治，实现了生态环境质量明显改善。2023 年，近岸海域优良水质面积比例为 85%，较 2018 年提升了 13.7 个百分点，实现六年连续增长；入海河流水质优良断面数量占比 4/5 左右，丧失使用功能断面基本消除；在 283 个海湾建设单元中，167 个海湾优良水质面积比例超过 85%，人民群众临海亲海的获得感、幸福感、安全感明显提升。

坚持生态优先，海洋生态保护修复成效显著。牢固树立尊重自然、顺应自然、保护自然的理念，划定海洋生态保护红线约 15 万平方千米，建立涉海自然保护地 273 个，红树林面积已增长至约 3 万公顷，成为世界上少数几个红树林面积净增加的国家之一。系统推进实施海洋生态修复，2016 年以来，中央财政每年投入约 40 亿元支持沿海省市开展海洋生态保护修复项目，整治修复滨海湿地 5 万多公顷，完成岸线整治修复 2 000 千米，有效保护恢复世界自然保护联盟红色名录物种超过 135 种，生态系统的多样性、稳定性、持续性显著增强。

坚持绿色转型，绿色低碳发展水平显著提升。坚持绿色发展理念，探索海洋绿色发展路径，全面提高海洋资源利用效率，推动海洋开发方式向循环利用型转变，大力发展生态旅游、生态渔业等绿色产业，探索生态产品价值实现路径。截至 2023 年底，累计创建国家级海洋牧场示范区 169 个，年产生生态效益近 1 781 亿元；海上风电累计装机容量达到 3 729 万千瓦，占全球比例约 50%，连续 4 年全球排名第一。发布红树林营造、海上风电等温室气体自愿减排项目方法，支持海洋碳汇项目参与全国温室气体自愿减排交易市场。

坚持依法治海，海洋生态环境法治不断严密。坚持以最严格制度、最严密法治保护海洋，先后 3 次修正和 1 次修订《中华人民共和国海洋环境保护法》，制修订 7 部行政法规、十余项部门规章，形成有力的法治保障。打好分区管控、监测调查、监管执法、考核监督的"组合拳"，持续开展"绿盾""碧海"专项监管执法行动，实施三轮中央生态环境保护督察，发现并督促整改了涉海突出问题 200 余项，建立刑事、民事行政诉讼和公益诉讼组成的司法保障体系。提高海洋生态环境监管信息化、数字化、智能化水平，建立 1 359 个海水质量国控监测点位，建立生态趋势性监测站位超过 1 600 个。

新征程上推进海洋生态环境保护的工作思路

当前，我国已迈上以中国式现代化全面推进中华民族伟大复兴的新征程，海洋事业迎来重大历史机遇期。保护海洋生态环境是加快建设海洋强国、实现人海和谐共生的根本要求和基础保障。必须以习近平生态文明思想为指引，将海洋生态环境保护融入国家整体发展战略，强调人海和谐的发展理念，聚焦美丽海湾建设的主线，持续构建从山顶到海洋的保护治理大格局，扎实推进海洋生态文明建设。

构建从山顶到海洋的保护治理大格局，以高水平保护促进高质量发展。对标美丽中国建设目标，统筹谋划构建从山顶到海洋的保护治理大格局，全地域、全领域、全方位、全过程、全要素、全链条推进生态环境保护。将绿色低碳理念融入海洋经济发展方式，促进海洋传统产业的数字化、高端化、绿色化发展，通过提升海洋绿色新质生产力，不断壮大培育新兴产业、新模式、新动能，布局未来产业。同时也要大力加强海洋生态环境保护，促进海洋资源的可持续利用，促进海洋生态产品价值源源不断实现。

以美丽海湾建设为主线，协同推进污染防治和生态修复。坚持陆海统筹、河海联动，以海湾为基本单元，系统谋划并梯次推进"三个五年"的美丽海湾建设，"一湾一策"协同推进近岸海域污染防治、生态保护修复和岸滩环境整治，持续深入推进重点海域综合治理，不断提升红树林等重要海洋生态系统质量和稳定性，实施沿海城市海洋垃圾清理、重点入海排污口整治、海洋生态保护修复等重大举措，开展美丽海湾建设成效评价，因地制宜推进各地美丽海湾建设，推动京津冀地区、长三角地区和粤港澳大湾区等沿海地区打造美丽中国建设示范样板。

强化海洋生态环境监督管理，实行最严格的生态环境保护制度。海洋生态环境保护重在建章立制，只有用最严格的制度、最严密的法治，才能为海洋生态环境保护提供可靠保障。强化海洋生态环境分区管控、监测调查、监管执法、考核督察等常态化、全过程监督管理，加强入海排污口、海水养殖、海洋倾废、涉海工程等领域的监管，严格海洋生态保护修复监管，继续与中国海警局等有关部门强化监管执法协同、开展专项执法，重拳出击、重典治乱，严厉打击破坏海洋生态环境的行为。

加强创新驱动科技引领，提高海洋治理现代化水平。实施"科技兴海"战略，充分发挥科技在海洋生态环境保护方面的支撑和引领作用，努力突破制约海洋生态环境保护和海洋经济高质量发展的科技瓶颈，加强关键核心技术攻关、试点示范和推广应用。加快数字赋能，深化人工智能等数字技术应用，运用陆、海、空、天多种手段，提高海洋生态环境监测、治理、监管、应急能力和技术水平。通过互联网、虚拟现实（Virtual Reality，VR）等现代科技手段，普及海洋科学知识，增强公众海洋保护意识。

全面开展海洋国际合作，积极参与全球海洋环境治理。深入践行海洋命运共同体理念，深度参与海洋生态环境领域全球治理进程。提升国际公约履约能力，持续推进联合国环境规划署、西北太平洋行动计划、东亚海协作体等区域行动计划的国内履约及相关项目实施。通过"一带一路"、中欧、中日韩、中东盟、二十国集团等多双边平台，加强国际交流合作，为妥善应对全球海洋生态环境挑战贡献中国智慧、中国力量。

"青山绿水是无价之宝"的三明实践[*]

福建省三明市是全国重点林区，是全国林业自然保护区数量最多、分布最密集的地区之一，生物多样性丰富。生态是三明的最大优势，也是三明发展的潜力所在。习近平总书记先后 12 次深入三明调研，为三明擘画绿色发展蓝图。

1997 年 4 月 11 日，时任福建省委副书记的习近平同志在三明市将乐县常口村调研时指出："青山绿水是无价之宝，山区要画好'山水画'，做好山水田文章。"

27 年以来，三明市始终牢记嘱托，深入学习贯彻习近平生态文明思想，认真践行"青山绿水是无价之宝"的理念，将生态文明建设融入经济社会发展全过程各领域，走出了一条生态保护、经济发展、民生改善相协调、相促进的新路子，树立了生动践行习近平生态文明思想的典范。

---

* 原文刊登于《民生周刊》杂志 2024 年第 16 期，作者：俞海。

"青山绿水是无价之宝"重要理念成就美丽三明

"青山绿水是无价之宝"是习近平总书记关于生态文明建设的深邃思考，三明市深刻把握"青山绿水是无价之宝"重要理念的科学内涵，深入学习贯彻习近平生态文明思想，着力推进生态文明建设，持续打响"中国绿都"品牌。

把生态文明建设摆在突出位置。三明市历届市委、市政府始终以"青山绿水是无价之宝"为指引，坚持把生态文明建设作为重大政治任务、民生任务和底线任务摆在全市工作的重要位置，把保护生态作为最大的政绩，把生态文明建设作为全市发展战略和经济社会发展的基本遵循，着力树牢绿色发展政绩观，坚定不移走生态优先、绿色发展之路。

强化规划引领，从加强顶层设计入手，将推进山水城融合、坚持生态优先等重大发展思路贯穿于国土空间总体规划和生态修复专项规划等编制过程中，出台《三明市国家生态文明建设示范市规划（2021—2035 年）》等一系列政策措施，一任接着一任干，一张蓝图绘到底。

着力画好"山水画"。三明市严守"生态环境质量只能更好、不能变坏"底线，围绕建设"水净、河清、天蓝、地绿、居怡"的美丽三明，深入实施"蓝天工程""碧水工程""净土工程"。坚持"示范带动，以点带面"，以闽江上游生态环境系统治理和整体修复为核心，围绕尤溪、沙溪、金溪三大流域，统筹实施山水林田湖草生态保护修复。立足"原生态、低成本、有特色"，以环境优美为导向，推动山水气同治同修，努力打造全国具有山区特色的城市更新样板。科学制定万寿岩保护利用方案，立法推进保护开发，活化利用遗址资源，实现了万寿岩文旅融合稳健发展。市区（三元区）和各县（市、区）空气质量达标天数比例均为100%，为福建省唯一100%达标的地级市；全市主要流域55个国（省）控断面各项监测指标年均值Ⅰ～Ⅲ类水质比例为100%。

做好山水田文章。三明市立足生态资源，大力实施创新驱动、绿色发展战略，以"产业生态化、生态产业化"为具体抓手，积极探索生态产品价值实现机制，打通"两山"转化通道，推动绿水青山变为金山银山，为高质量发展注入新动能。作为林业改革发展综合试点，三明市在全国率先放活林权，一体推动"林业发展、林农增收、林区繁荣"，林业已经成为强市富民的支柱型产业。在全国首创林业碳票，促进林业价值碳汇变现，让林农"不砍树也能致富"。大力发展绿色经济、文旅经济，着力开发森林食品，培育生态旅游、森林康养等新业态。着力推动竹产业发展，把每一根竹子"吃干榨净"，实现全竹皆可用、所见皆可卖。加快老工业基地科技转型、绿色转型，钢铁与装备制造、新材料、文旅康养、特色现代农业等主导产业取得良好发展，三钢集团实现了从"黑名片"到花园工厂、绿色钢厂的美丽蝶变。

"青山绿水是无价之宝"的三明经验

"青山绿水是无价之宝"与"绿水青山就是金山银山"具有内在延续性和一致性，既是具象表达，也是具体阐释，是习近平生态文明思想的重要内容。"三明实践"之所以能够取得巨大成就，根本在于习近平生态文明思想的科学指引。"三明实践"也生动诠释了习近平生态文明思想的真理伟力和实践伟力，为其他地方提供了有益的经验借鉴。

生态优先是根本。习近平总书记强调，生态优势金不换。曾经的三明，集聚了福建省最大的钢铁、化肥、造纸、化纤等生产企业，钢产量占全省的 3/4，化肥产量约占全省的 1/2。明星企业三钢，过去也曾造成严重粉尘污染，人们曾抱怨"一年吃进一块砖"。过去的三明市曾经因工业而兴，也因工业发展带来了环境变差、河流污染等不能承受之痛。三明市之所以能够实现"绿色蝶变"，首先就在于三明市牢固树立生态优先、绿色发展的认识。三明市壮士断腕坚决关闭三化公司，抓住机遇推动三钢绿色升级改造，严把项目准入关，坚决守住生态保护红线，积极发展以氟新材料产业、石墨和石墨烯产业、稀土新能源材料产业、生物医药为重点的战略性新兴产业，逐步走出了一条生态与产业共进、保护与建设并举的可持续发展道路。这些都表明必须保持生态文明建设的战略定力，切实做到站在人与自然和谐共生的高度谋划发展。

创新赋能是关键。创新是习近平生态文明思想的鲜明品格。习近平总书记指出，创新是第一动力。三明市以林权改革为起点，以国家生态文明试验区建设为依托，积极创新生态文明体制机制。探索建立"1+N+X"政策体系，实施林改"八项创新"，通过深化集体林权制度改革，积极探索林票、林业碳票改革，全面推行林长制，推动林权有序流转、合作经营和规模化管理，提高生态产品供给能力和整体价值。率先建立重点生态区位商品林赎买机制，探索形成"四共一体"等 6 种新型规模经营模式。大田县在全国率先探索试行"河长制"，之后在全市试行，并向全省、全国推广。先行探索企业环境信用评价、排污权交易、环境污染责任保险 3 项改革。推出林权"按揭贷""福林贷""支贷宝""益林贷"等林业金融产品。通过完善绿色产业发展、绿色融资、绿色金融基础设施、绿色金融政策支撑等四大体系，全力推进省级绿色金融创新改革试验区建设。三明市还积极开展 EOD、气候投融资等试点……这些都表明绿水青山就是金山银山关键在人，关键在思路。

制度护航是保障。用最严格的制度最严密的法治保护生态环境，是习近平生态文明思想的核心要义之一，也是我国生态文明建设取得巨大成就的经验总结。三明市在福建省率先出台地方饮用水水源保护法规《三明市东牙溪和薯沙溪水库饮用水源保护条例》；牵头起草《福建省河湖长制工作管理规范》；先后出台《三明市城市市容和环境卫生管理条例》《三明市城市扬尘污染防治条例》等多部涉及生态环境保护领域的地方性法规。聚焦生态环境保护"九龙治水"等难题，在全省率先推行生态综合执法，成立市生态执法与司法保护智慧治理中心，配置河道警长，创新"林长+司法护航"等联勤协作机制，推动执法与司法同向发力。这些都表明推进生态文明建设必须加强外部约束，让制度成为刚性约束和不可触碰的高压线。

全民行动是基础。习近平总书记强调，建设美丽中国是全社会共同参与、共同建设、共同享有的事业。三明市推广常口村把习近平总书记重要讲话精神写进村规民约中的做法，着力提升群众生态文明意识。创新各方力量参与机制，建立"企业河长""百姓河长"队伍，探索"林长监督员"和政协"委员河长"等制度，形成守护河湖和森林资源的强大合力。探索构建"党政支持、人大授权、部门协作、区域联动"的生态司法综合治理工作机制，依托生态环境资源部门、生态法庭、生态检察、生态执法大队"四方联动"，逐步实现单一执法向多部门联动的"1+N"综合执法效果。

通过"茶叶"变"金叶"、"碳票"变"钞票"等生态产品价值实现机制，让人民群众吃上"生态饭"、捧上"绿饭碗"、得到"摇钱树"，让保护生态环境成为三明市发展的自觉行动。这些都表明只有把美丽中国建设转化为全体人民的自觉行动，才能激发起全社会共同呵护生态环境的持续内生动力。

奋力谱写"青山绿水是无价之宝"的时代新篇

绿水青山就是金山银山是习近平生态文明思想的核心理念，是实现可持续发展的内在要求，也是推进现代化建设的重大原则。党的二十届三中全会强调，必须完善生态文明制度体系，协同推进降碳、减污、扩绿、增长，积极应对气候变化，加快完善落实绿水青山就是金山银山理念的体制机制。充分彰显了推进绿水青山就是金山银山实践的重大意义和地位。新征程上，三明市要继续推进理论创新、实践创新、制度创新，进一步推进绿色高质量发展、建设革命老区高质量发展示范区，奋力谱写"青山绿水是无价之宝"的时代新篇。

加强党对生态文明建设的全面领导。踏上新征程，要以更高站位、更宽视野、更大力度谋划和推进生态文明建设，清醒认识生态文明建设是一场大仗、硬仗、苦仗，需要发挥党总揽全局、协调各方的领导核心作用。三明市要强化习近平生态文明思想的理论武装，深入挖掘"青山绿水是无价之宝"的内涵，树牢绿色发展政绩观，进一步落实"党政同责、一岗双责"，健全工作机制，压实各级责任，加强统筹，确保人与自然和谐共生的现代化道路走深、走实、走稳。

大力发展绿色生产力。高质量发展是新时代的硬道理，新质生产力本身就是绿色生产力。三明市要深刻把握高质量发展和高水平保护之间的辩证统一关系，围绕发展绿色生产力，加快绿色科技创新和先进绿色技术推广应用，加快形成科技含量高、资源消耗低、环境污染少的产业结构，着力构建绿色低碳循环经济体系，通过高水平保护，不断塑造发展的新动能、新优势，打造绿色生产力的示范区。

打造美丽中国先行示范区。美丽中国建设不可能一蹴而就，需要发挥试点示范的探索引领作用。目前，三明市已经形成了一系列具有示范和引领作用的案例模式和有益经验。下一步，三明市应继续主动作为，立足区域功能定位和自身特色，围绕协同推进降碳、减污、扩绿、增长，守牢美丽中国建设安全底线，健全美丽中国建设保障体系等，加大创新探索力度，着力打造山区林区美丽城市的先行示范区。

积极拓宽绿水青山就是金山银山的转化渠道。在全面总结已有实践的基础上，围绕生态产品价值实现，以生态产业化和产业生态化为核心，创新推进生态产品标准化度量、产业化利用、市场化交易、价值化补偿、资本化运营，因地制宜大力发展生态经济、美丽经济、绿色经济，积极探索多样化的实践模式，把生态优势变成经济优势、发展优势，让发展成果更多惠及人民，打造绿色共同富裕的示范区。

深化生态文明体制改革。习近平总书记指出，发展新质生产力，必须进一步全面深化改革，形成与之相适应的新型生产关系。要发挥三明市实践优势和改革精神，围绕党的二十届三中全会部署的完善生态文明基础体制、健全生态环境治理体系、健全绿色低碳发展机制，加大改革创新力度，继续为全省、全国探路，打造生态文明体制改革示范区。

习近平生态文明思想的厦门生动实践 *

厦门是习近平生态文明思想的重要孕育地和先行实践地。从 1985 年习近平同志来到厦门工作，到担任福建省领导，再到后来在中央工作期间，习近平同志对厦门生态环境保护作出了一系列部署，亲自谋划、亲自部署、亲自推动厦门生态文明建设。30 多年来，厦门始终牢记嘱托，坚持"一张蓝图绘到底"，以筼筜湖综合治理为发端，持续深入推进生态环境保护和海湾型生态城市建设，奋力打造"高素质、高颜值、现代化、国际化"城市，以高水平保护助推高质量发展、创造高品质生活，描绘出一幅人与自然和谐共生的生动画卷，成为习近平生态文明思想地方实践的生动篇章，深刻昭示了习近平生态文明思想的真理伟力和实践伟力。深入挖掘和总结推广厦门生态文明建设的成功实践和有效经验，对推动学习贯彻党的二十大精神和习近平生态文明思想走深走实，全面推进人与自然和

---

* 原文刊登于《习近平生态文明思想研究与实践》专刊 2024 第 1 期，作者：习近平生态文明思想研究中心调研组。

谐共生的美丽中国建设，具有特殊的重要意义。

一、科学指引：习近平同志关于厦门生态文明建设的重要论述

习近平同志在厦门工作期间，高度重视生态环境保护工作，进行了深入调研和系统思考，提出了一系列重要论述和部署，指引厦门拉开了生态文明建设的序幕。在担任福建省领导以及在中央工作期间，习近平同志又多次对厦门生态文明建设作出重要指示和部署，指导推动厦门生态文明建设优化升级。这些重要论述，既为推动厦门生态文明建设提供了根本遵循，也蕴藏着习近平同志关于生态文明建设的理论思考和科学认知，是习近平生态文明思想的重要内容。

强调"不能以局部的破坏来进行另一方面的建设"，为厦门正确处理发展与保护关系提供战略遵循。1985 年，国务院批准将厦门经济特区范围扩大到全岛，与此同时生态环境问题开始显现。习近平同志一到厦门工作，就把处理好发展与保护的关系作为一个重大课题来抓。习近平同志指出，"我来自北方，对厦门的一草一石都感到是很珍贵的。""能不能以局部的破坏来进行另一方面的建设？我自己认为是很清楚的，厦门是不能以这种代价来换取其他方面的发展。"这些重要论述，深刻诠释了习近平同志的生态情怀，也蕴藏着对保护与发展关系的深刻认识。习近平同志强调，"厦门不但现有的资源要保护，而且要不断改善目前的旅游环境，把它装点得更加美好。要把这项任务作为一项战略任务来抓好。"这从战略高度标定了生态环境保护的重要地位，成为厦门确立生态立市战略的思想源头。

提出"依法治湖、截污处理、清淤筑岸、搞活水体、美化环境",为厦门推进生态环境保护确立战略方针。在厦门工作期间,面对特区建设已经显现的植被破坏、沙滩退化、环境污染等生态环境问题,习近平同志推动厦门在全国率先开启了一场自然资源与生态环境保卫战。习近平同志亲自牵头开展筼筜湖综合治理,在深入调研的基础上,以充满前瞻性的战略眼光,创造性提出"依法治湖、截污处理、清淤筑岸、搞活水体、美化环境"20 字方针,推动成立筼筜湖治理领导小组,建立综合治理机制,精准施策、对症下药,开展系统治理的实践探索。20 字方针是运用系统观念的重大成果,也是源头治污、精准治污、科学治污、依法治污的重要体现,也蕴藏着以人民为中心的发展思想和根本立场。这些都成为此后 30 多年来厦门治理筼筜湖总的方针,也成为厦门从湖域到流域、海域、全域生态环境保护的指导理念。

提出"山上戴帽、山下开发""提升本岛、跨岛发展",为厦门推动绿色发展指明战略路径。习近平同志主持编制的《1985—2000 年厦门经济社会发展战略》中,特别设专章研究城市生态环境问题,强调"在发展特区经济的同时,一定要防止环境污染,保持生态平衡",推动厦门从永续发展的角度思考城市建设与环境保护的关系。在 1986 年、1997 年两次赴军营村、白交祠村调研时,习近平同志提出了"山上戴帽,山下开发""多种茶、种果,也别忘了森林绿化"等发展思路,是在发展中保护、在保护中发展的率先探索,也是其关于绿色发展的早期思考。2002 年,习近平同志在厦门调研时,创造性地提出"提升本岛、跨岛发展"的重大战略,强调凸显城市特色与保护海湾生态相结合,确立了从海岛型城市向海湾型生态城市转变的城市发展战略，为厦门推进绿色高质量发展指明路径。

提出"把厦门建设得更加美丽、更加富饶、更加繁荣"，为厦门描绘人与自然和谐共生的战略蓝图。习近平同志主持编制的《1985—2000年厦门经济社会发展战略》，将"环境优美"纳入六大战略目标之一，明确提出"创造良好的生态环境，建设优美、清洁、文明的海港风景城市"目标。2002年在厦门调研时提出"努力创建国际花园城市""建设有利于身心健康、资源节约、布局合理、自然和谐、宜人居住、富有特色、充满魅力的生态型城市"。2010年习近平同志在厦门考察时要求"把厦门建设得更加美丽、更加富饶、更加繁荣"。2017年在金砖国家领导人厦门会晤上，用"高素质、高颜值、现代化、国际化"对厦门经济特区建设发展成就、发展特色进行肯定，为新时代厦门发展指明目标方向。这些战略擘画蕴藏着习近平同志关于人与自然和谐共生、美丽中国理念的深入思考和深邃洞察，为厦门高水平推进生态文明建设引航定向。

二、生动实践：厦门推进生态文明建设的主要做法与成效

习近平总书记在厦门生态文明建设的每个重要阶段和关键节点都擘画蓝图、指引方向，指导推动厦门创新探索出一系列行之有效的做法。30多年来，厦门历届市委、市政府以习近平同志的战略擘画为指引，特别是党的十八大以来，厦门坚持以习近平生态文明思想为根本遵循，以筼筜湖综合治理为范本，以20字方针为科学指引，循序渐进、久久为功、逐步跃升，探索出一条符合自然规律、顺应人民期待、促进生态文明建设的科学路径。

坚持依法治理，生态文明体制改革领跑全国。厦门始终遵循并创新发展习近平总书记提出的"依法治湖"理念，不断推进生态环境领域全要素法治建设。充分发挥特区立法权优势，在全国最早推出地方生态立法，制定出台《厦门经济特区生态文明建设条例》等 30 余部法律法规，编制实施《厦门市生态建设规划》《美丽厦门战略规划》《厦门高素质高颜值现代化国际化城市发展战略（2020—2035）》等相关规划。建立海洋综合执法体制，加强综合执法。深化行刑衔接，构建预防、治理、惩处"三位一体"的生态环境执法与司法协作体系。同步深入推进国家生态文明试验区建设，率先实行生态文明建设、生态环境保护目标责任和污染防治攻坚战成效"三合一"的目标评价考核体系等 36 项改革任务，五缘湾生态修复等改革经验入选国家生态文明试验区推广清单。

坚持源头治理，高质量发展绿色底色更鲜明。厦门始终遵循并创新发展习近平总书记提出的"截污处理"这一治本之策，强化从末端到源头的全链条治理。持续推动"截污处理"向前端化、精细化方向转变，逐步建立全收集、全处理、全达标、全监管的"四全"污染治理模式。全面推进建成区排水管网正本清源改造，探索形成"溯源排查、正本清源、排水管理进小区"三步走模式。注重一体设计、全面收集、循环利用、专业管养，对村庄污染和河道内源污染进行全收集全处理。全面实施"查、测、溯、治"，全面整治入海排放口。坚持生态优先、绿色发展，推进高端制造业、先进服务业等绿色产业发展，加快产业结构转型升级。在全国率先实现原生生活垃圾"零填埋"，垃圾分类工作连续 21 个季度名列全国第一；2022 年全市城镇生活污水集中收集率 87.6%、集中处理率 100%；荣获全国首批绿色出行创建达标城市；高耗能、高排放项目零新增，资源节约集约利用处于全国领先水平。

坚持系统治理，海湾型生态城市建设取得积极进展。厦门始终遵循并创新发展习近平总书记提出的"清淤筑岸"这一系统方法，推动从湖到湾、从湾到海、从海域到流域、从流域到全域的系统治理，着力构建从山顶到海洋的保护治理大格局。持续推进湾区综合治理，相继推进海沧湾（西海域）、五缘湾、杏林湾、同安湾、马銮湾等5个湾区综合整治与开发工程，在其他湾区因地制宜开展退垦还海、养殖清退、岸线修复、生态补水等工作。持续开展从"海岸"到"海洋"的生态保护修复行动，重构红树林湿地，保护修复沙滩，保护中华白海豚、栗喉蜂虎等珍稀物种。着眼水环境、水生态、水资源协同共治，在全国率先开展小流域综合治理。构建"一屏一湾十廊"的生态安全格局，实施"青山、绿水、碧廊"等工程，实现"山、水、海、城"相融共生。持续加强陆海一体化保护和系统治理，统筹实施陆域源头减排和海域生态扩容，"以水为轴、连点成线、画线成片"，强化陆海统筹、山海互济。成为全国唯一在城区就能看见中华白海豚的城市，"山、海、产、城、人"相融共生画卷徐徐铺展。

坚持科学治理，生态环境保持高颜值。厦门始终遵循并创新发展习近平总书记提出的"搞活水体"这一科学理念，在遵循自然规律中推进生态环境保护，着力推进生态环境治理能力现代化。注重科学决策，成立由厦门市委、市政府主要领导牵头的"生态文明建设领导小组"以及海洋专家组等。坚持先梳山理水、再造地营城，在保护中发展、在发展中保护，在全国率先启动"多规合一"探索，率先画出全域空间规划"一张蓝图"，划定生态保护红线。坚持自然恢复与人工修复有机统一，实施海域开堤通海、流域生态补水、全域水源连通，把增加纳潮量作为湾区重要治理手段，提高海湾水体交换动力。依托厦门人才、科技优势，建立海洋综合管理科技支撑体系，构建"海陆空一体化"海洋生态立体观测体系，引入"数字孪生海洋"等前沿技术，开展科技攻关及成果产业化等，强化科技赋能。全市空气质量综合指数保持全国前列，饮用水水源地水质和主要流域国控、省控断面水质达标率均保持 100%。

坚持协同治理，生态文明展现高水平。厦门始终遵循并创新发展习近平总书记提出的"美化环境"这一科学理念，推进高水平保护与高质量发展、高品质生活协同互促。积极开展"无废城市"建设，全国首创垃圾分类"五全工作法"，创新建立制度化、常态化、系统化、信息化的海漂垃圾治理机制。精心打造系列"美丽样本"，厦门东南部海域、筼筜湖分别获评全国美丽海湾、美丽河湖优秀案例，率先在全省实现"绿盈乡村"全覆盖，深入开展低碳园区、低碳社区、低碳景区和宁静小区创建。依托良好生态环境，发展观音山等片区总部经济，构建"芯、屏、端、软、智、网"集聚的信息技术产业体系，打造厦门音乐季、厦门国际马拉松比赛、溪头下婚纱摄影等文化体育产业品牌，全方位打通生态产品价值转化通道，推动绿水青山、碧海银滩的生态优势转变为经济优势。发挥经济特区"窗口"作用和开放包容特质，融入全省协作，强化两岸联动，推动国际合作。坚持为了人民、依靠人民，还海于民、还景于民，并积极探索社会共治共享机制。公众对生态环境满意度全省第一，先后获得"联合国人居奖""国际花园城市""国家环境保护模范城市""国家生态市""国家生态园林城市""国家森林城市""副省级城市国家生态文明建设示范区""国家级海洋生态文明建设示范区"等 28 项国家级、国际级生态领域的荣誉。

三、启示意义：以习近平生态文明思想为指引加快建设人与自然和谐共生的美丽中国

厦门生态文明建设实践，是我国推进生态文明建设，特别是党的十八大以来美丽中国建设迈出重大步伐的一个生动缩影。厦门实践以习近平同志亲自谋划、亲自部署、亲自推动的筼筜湖治理为发端，以习近平同志有关重要论述，特别是以习近平生态文明思想为指引，成为习近平生态文明思想生动实践的鲜活样本。深入总结生态文明厦门实践蕴藏的思想伟力、有效经验，对于在新征程上全面推进美丽中国建设，具有重要的启发借鉴和示范引领作用。

彰显了习近平生态文明思想的真理伟力和实践伟力。厦门生态文明建设实践取得显著成效，最根本在于习近平总书记的战略擘画、亲身实践和指导推动，以及始终坚持习近平生态文明思想蕴含的立场、观点、方法。经过 30 多年的奋斗，厦门以"一个湖带动一座城"，形成了一批具有厦门辨识度、全国影响力、世界美誉度的标志性成果：以"筼筜湖综合治理"为起点，创造性地解决了城市化、工业化初期的治水难题，打赢了生态"止损"的首战；以"海湾型生态城市"为抓手，前瞻性地开展全域生态文明建设，推动生态文明从"副位"转向"主位"；以"两高两化"为目标，系统性地推进高水平保护和高质量发展，探索出一条人与自然和谐

共生的中国式现代化发展道路。习近平总书记用"一城春色半城花，万顷波涛拥海来"盛赞厦门是著名的海上花园；用"抬头仰望是清新的蓝，环顾四周是怡人的绿"盛赞厦门是一座高颜值的生态花园之城；用"海风海浪依旧，厦门却已旧貌换新颜"盛赞厦门城市发展的新面貌。厦门实践以巨大成就为习近平生态文明思想的真理伟力和实践伟力提供了鲜活实证。新征程上，必须更加深刻领悟"两个确立"的决定性意义，增强"四个意识"、坚定"四个自信"、做到"两个维护"，胸怀"两个大局"、心怀"国之大者"，自觉做习近平生态文明思想的坚定信仰者、积极传播者和忠实实践者，增强当好生态卫士的自觉性和积极性，坚决扛起生态文明建设的政治责任，不断把学习成果转化为推进人与自然和谐共生美丽中国的思路办法和具体成效。

提供了建设人与自然和谐共生美丽中国的市域经验。厦门实践蕴藏着习近平生态文明思想的世界观和方法论。厦门始终坚持生态惠民、生态利民、生态为民，人民群众对优美生态环境的期盼，就是厦门持续治水、治山、治海、治城的出发点和落脚点。新征程上，必须坚持人民至上，让人民群众成为生态环境的保护者、建设者、受益者。厦门始终沿着习近平总书记勇于先行先试的改革足迹，坚持以改革创新加强海洋生态保护、推进生态文明建设，实现从被动到主动，从单一到综合，从部门各司其职到协同推进的转变。新征程上，必须坚持守正创新，以改革创新精神，进一步推动实践基础上的理论创新、制度创新、文化创新。厦门始终坚持整体性出发、一体化推进，注重统筹陆地和海洋两大自然系统，综合运用自然恢复和人工修复两种手段，着力构建从山顶到海洋的保护治理大格局，开启了一体推进美丽山川、美丽河湖、美丽海湾建设的新探索，实现了从点到面、从水里到岸上、从单一治理到联合共治的转变。新征程上，必须坚持系统观念，必须完整、准确、全面贯彻新发展理念，坚持山水林田湖草沙一体化保护和系统治理，正确处理好高水平保护和高质量发展、重点攻坚和协同治理、自然恢复和人工修复、外在约束和内生动力的关系，全方位、全地域、全过程开展生态文明建设。厦门市历届市委、市政府始终坚持投入不减力、治污不松劲、清淤不断档、美化不停步，不断推动生态文明建设取得新成效。新征程上，必须坚持久久为功，始终保持生态文明建设的战略定力，将生态文明建设放在更加突出位置，融入经济建设、政治建设、文化建设、社会建设各方面和全过程，一锤接着一锤敲、一任接着一任干，为建设美丽中国作出更大贡献。

贡献了海湾型生态城市建设的中国方案。湖泊与海湾生态修复、海湾型城市的生态保护，是一项世界性课题。厦门以 30 多年实践探索，展现了中国快速工业化、城市化进程中一个海岛型城市向海湾型城市转型的发展理念之变，发展方式和生态治理之变，破解了海湾型城市资源约束紧、污染排放高、人海矛盾多的世界性难题，为世界提供了一扇观察美丽中国的窗口。特别是筼筜湖治理，从"一潭死水"到碧波荡漾、白鹭齐飞的"城市绿肺"和"城市会客厅"，从昔日遗憾消失的"筼筜渔火"到今天更加耀眼的"筼筜夜色"，为世界上其他地区海湾型生态城市建设提供了借鉴和参考。建设美丽家园是世界各国人民共同的心愿，生态文明建设是全球治理的重大议题，共建清洁美丽的世界是我国生态文明建设的重要内容。习近平同志提出的筼筜湖综合治理 20 字方针及其有关厦门生态文明建设的重要论述，既是实践经验总结、又是理论创新，是马克思主义唯物辩证思想方法和工作方法在生态文明建设领域的鲜活运用，具有十分鲜明的科学性、前瞻性和创新性，对持续加强厦门生态文明建设具有很强的实践指导意义。厦门实践贡献了城在海上、海在城中，人与自然和谐共生的重要案例。新征程上，我们既要深入挖掘习近平同志留给厦门的宝贵思想财富，在追寻领袖足迹、探索思想之源、分享实践收获中，进一步增强对党的创新理论的政治认同、思想认同、理论认同、情感认同，还要从国际视角深入研究阐释"厦门实践"，积极向国际社会推广"厦门实践"，更要坚持胸怀天下，加强合作交流，为全球生态文明建设贡献力量。

深入学习贯彻习近平生态文明思想 奋力打造"共抓大保护、不搞大开发"的重庆样板重庆实践[*]

推动长江经济带发展是以习近平同志为核心的党中央作出的重大决策，是关系国家发展全局的重大战略。党的十八大以来，围绕长江经济带发展这一区域重大战略，习近平总书记先后主持召开了四次座谈会。重庆作为长江上游地区最大的城市，地处三峡库区腹心地带，对长江中下游地区生态安全具有不可替代的作用。2016 年 1 月，习近平总书记在重庆主持召开的推动长江经济带发展座谈会上，首次提出"共抓大保护、不搞大开发"。8 年来，重庆认真贯彻落实习近平总书记关于重庆的重要讲话精神，坚持"共抓大保护、不搞大开发"，强化"上游意识"、扛起"上游责任"，

---

* 原文刊登于《习近平生态文明思想研究与实践》专刊 2024 第 3 期，作者：习近平生态文明思想研究中心。

不断"筑牢长江上游重要生态屏障"，将美丽重庆置于中国式现代化宏大场景之中，打造人与自然和谐共生的现代化的市域范例。

一、深刻领会习近平总书记关于重庆生态文明建设重要指示精神与深远意义

党的十八大以来，习近平总书记先后 3 次亲临重庆考察，对重庆生态文明建设发表重要讲话、作出重要指示，从战略和全局高度审视谋划重庆生态文明建设发展，是重庆推动高质量发展、创造高品质生活的根本遵循。建设美丽重庆，必须深入学习贯彻习近平生态文明思想，深刻领会习近平总书记重要指示、批示精神，深化落实美丽中国建设战略行动，奋力谱写生态环境保护新篇章。

"共抓大保护、不搞大开发"为建设美丽重庆提供根本遵循。高水平保护是高质量发展的重要支撑，高质量发展只有依靠高水平保护才能实现。习近平总书记强调"推动长江经济带发展必须从中华民族长远利益考虑，走生态优先、绿色发展之路"。以"共抓大保护、不搞大开发"为导向推动长江经济带发展的决策部署，不是说不要大的发展，而是以生态优先、绿色发展为引领，把修复长江生态环境摆在压倒性位置，不能搞破坏性开发，要求把经济活动和人的行为限制在自然资源和生态环境能够承受的限度内，实现在发展中保护、在保护中发展。"共抓大保护、不搞大开发"是习近平总书记关于长江经济带高质量发展的一系列重要讲话和指示的精神主线，为重庆推动长江经济带发展提供了思想指引和根本遵循。这一重大理念要求重庆站在人与自然和谐共生的高度谋划发展，加强前瞻性思考、全局性谋划、战略性布局、整体性推进，正确处理高质量发展和高水平保护的关系。通过高水平环境保护，不断塑造发展的新动能、新优势，同时着力构建绿色低碳循环经济体系，有效降低发展的资源环境代价，持续增强发展的潜力和后劲。

"建设山清水秀美丽之地"为建设美丽重庆指明目标方向。习近平总书记非常关心美丽重庆建设，针对重庆特殊而重要的生态区位作用和独特的生态优势，多次强调"要深入实施'蓝天、碧水、宁静、绿地、田园'环保行动""推动城乡自然资本加快增值""加快建设内陆开放高地、山清水秀美丽之地""让重庆各项工作迈上新台阶"。"山清水秀美丽之地"的重要论述体现了习近平新时代中国特色社会主义思想的立场、观点和方法，具有深刻的理论逻辑，其核心是推进美丽重庆建设，本质特征是促进人与自然和谐共生。建设美丽重庆是践行习近平生态文明思想、落实美丽中国建设战略的实际行动，直接关系现代化重庆建设的底色，直接关系重庆以一域服务全局的成色，是必须坚决扛起的重大政治责任。这一重要论述既是重庆走向生态文明新时代的必然要求，也是推动长江经济带发展的重要抓手，要求重庆加快建设美丽中国先行区，打造天蓝、水清、土净的美丽重庆，高标准全域"无废城市"，万物和谐的美丽家园，全市域整体大美风貌，绿色低碳发展高地，给人民群众创造更加优良的生产生活环境；打造人与自然和谐共生现代化的市域范例，为美丽中国建设贡献更多重庆力量。

"筑牢长江上游重要生态屏障"为建设美丽重庆明确使命任务。长江上游地区是继青藏高原三江源地区之后我国的第二道生态安全屏障，在全国生态安全格局中占据重要位置。重庆是长江上游生态屏障的最后一道关口，承担着秦巴山区生物多样性保护与生态修复、三峡库区水土保持、武陵山区生物多样性与水土保持等多项生态环境保护任务。筑牢长江上游重要生态屏障，保护好三峡库区和长江，事关重庆长远发展，事关国家战略性淡水资源安全，事关国家生态文明建设全局。习近平总书记高度重视长江生态保护工作，在重庆考察时强调："要深入抓好生态文明建设，坚持上中下游协同，加强生态保护与修复，筑牢长江上游重要生态屏障"。2024 年 4 月，习近平总书记在重庆主持召开新时代推动西部大开发座谈会上，又特别强调"坚持以高水平保护支撑高质量发展，筑牢国家生态安全屏障。"这些重要讲话体现了习近平总书记对重庆的殷殷嘱托，也是重庆贯彻习近平生态文明思想的实践指向，要求重庆充分加强水土资源"固定器"、生态风险"缓冲器"、环境污染"过滤器"、江河流量"调蓄器"等生态功能，提升长江生态系统的自我修复能力，提高生态环境质量和稳定性，为子孙后代留下山清水秀的长江生态空间。

"在推进长江经济带绿色发展中发挥示范作用"为建设美丽重庆明晰战略路径。绿色决定发展的成色，高质量发展是绿色成为普遍形态的发展。2019 年 4 月，在脱贫攻坚战进入决胜的关键阶段，习近平总书记在重庆主持召开解决"两不愁三保障"突出问题座谈会时指出，重庆要"更加注重从全局谋划一域、以一域服务全局，努力在推进新时代西部大开发中发挥支撑作用、在推进共建'一带一路'中发挥带动作用、在推进长江经济带绿色发展中发挥示范作用"，赋予了重庆新的重大使命。生态环境问题归根到底是发展方式和生活方式问题，建立健全绿色低碳循环发展经济体系、促进经济社会发展全面绿色转型是解决重庆生态环境问题的治本之策。"在推进长江经济带绿色发展中发挥示范作用"为重庆融入长江经济带发展、推动经济社会发展全面绿色转型指明了方向,要求重庆积极探索生态优先、绿色发展的新路子,拓展生态文明建设的路径和方法,打造绿色低碳发展高地。重庆要坚持因地制宜定功能、因势利导强建设,构建绿色低碳制造体系,培育绿色产业,推动低碳数字能源试点示范,多管齐下、整体推进,打好转型"组合拳"。建立绿色低碳循环发展经济体系,为实现碳达峰碳中和目标贡献重庆力量,努力交出长江经济带高质量发展的高分报表。

二、重庆推进生态文明建设的主要做法与成效

重庆市深学笃行习近平生态文明思想,认真落实全国生态环境保护大会精神,推动山清水秀美丽之地建设迈出坚实步伐,进一步筑牢长江上游重要生态屏障,污染防治攻坚战阶段性目标任务圆满完成,巴渝大地的天更蓝、山更绿、水更清、空气更清新,"山水之城·美丽之地"独特魅力更加彰显。2023 年,长江干流重庆段水质连续 7 年保持Ⅱ类,74 个国控断面水质优良比例达 100%,创"十四五"时期以来最佳水平;空气质量优良天数达 325 天,连续 6 年无重污染天气;土壤、地下水、声、辐射环境质量保持稳定,连续 17 年未发生重特大突发环境事件,全市生态环境质量群众满意度达到 94.4%。重庆在实践中逐渐探索出一条适合自身特点的生态文明建设发展路径,形成了生态文明建设的重庆经验、重庆模式。

坚持党对生态文明建设的全面领导,强化"上游意识"、扛起"上游

责任"、展现"上游担当"。生态环境是关系党的使命宗旨的重大政治问题，党的领导是生态文明建设的根本保证。重庆坚持和加强党的领导，心怀"国之大者"，当好生态卫士，坚持正确政绩观，全面压实生态环境保护"党政同责、一岗双责"，建立覆盖全面、权责一致、奖惩分明、环环相扣的责任体系。重庆市委、市政府主要领导挂帅，科学谋划、高位推动、深入一线调研，党政"一把手"以上率下，带头研究解决重点难点生态环境问题，将"深入推动绿色发展，进一步筑牢长江上游重要生态屏障"作为近五年的 11 项重点举措之一，把"共抓大保护、不搞大开发"贯彻落实到长江经济带发展全过程、各方面。市直机关各级党组织坚持党建统领"885"工作体系，建立工作台账、强化专班运行，形成工作闭环，推进长江经济带生态保护和绿色发展迈出坚实步伐。重庆通过不断加强党对生态文明建设的领导作用，有效破除了思想不统一、行动不一致、责任不明晰的难题，有力推动生态文明建设和生态环境保护的决策部署迅速落实到法律、政策上，执行到具体行动中、落到实处。重庆的实践证明，在生态文明建设上，一切成就的取得根本在于以习近平同志为核心的党中央的坚强领导，只有深入贯彻落实总书记对重庆生态文明建设的重要讲话和指示精神，充分发挥党的领导和我国社会主义制度集中力量办大事的政治优势，才能始终保持加强生态文明建设的战略定力，才能始终把"共抓大保护、不搞大开发"摆在压倒性位置，走高质量发展道路。

坚持把生态优先、绿色发展作为根本之策，推进高质量发展和高水平保护。保护好长江流域生态环境，是推动长江经济带高质量发展的重要前提。重庆市委、市政府牢固树立"绿水青山就是金山银山"理念，坚持生态产业化、产业生态化，把"绿色+"融入经济社会发展各方面。重庆推动重点领域绿色低碳转型，推进减污降碳协同增效。"十四五"时期前三年单位 GDP 能耗累计下降 8.9%，产业转型升级加快，数字经济跻身于全国第一方阵。锚定"双碳"目标加快构建"1+2+6+N"政策体系，两江新区入围全国首批气候投融资试点城市，"碳惠通"平台成功上线并获评全国十佳公众参与案例，累计建成 77 个市级、4 个国家级绿色低碳领域科技创新平台。在全国率先发布"三线一单"成果，率先研发"三线一单"智检服务系统，首创首发"建设项目选线选址环境准入自助查询系统"App 并上线"渝快办"，精准高效服务招商引资，保障多个重大项目顺利落地。重庆在产业结构优化和绿色新动能培育过程中的制度创新和实践探索，为各地解决高质量发展和高水平保护之间的矛盾提供了参考样板。重庆的实践证明，绿色低碳的高质量发展是解决生态环境问题、实现可持续发展的基础之策、根本之策、长久之策，只有正确处理高质量发展和高水平保护的关系，坚持走生态优先、绿色低碳发展之路，才能在绿色转型中推动发展实现质的有效提升和量的合理增长，为美丽重庆建设提供持续保障。

坚持把集中攻坚、久久为功作为重要手段，打造人与自然和谐共生现代化的市域范例。生态文明建设正处于压力叠加、负重前行的关键期。多年来，重庆始终牢记习近平总书记的嘱托，坚决打好长江经济带污染治理和生态保护攻坚战，坚持方向不变、力度不减，在关键领域、关键指标上实现新突破。扎实推进长江大保护各项重点任务，形成"治水、治气、治土、治废、治塑、治山、治岸、治城、治乡"重点推进的"九治"体系，生态环境保护取得明显成效，助力长江流域环境质量持续改善，2023 年全市生态质量指数 66.85，高于全国平均水平。重庆实现全市域生态环境质量、城乡大美格局、生态环境治理数智化水平的显著提升，推动自然之美、城乡之美、人文之美、和谐之美、生活之美整体跃升，为各地区系统性生态环境保护提供了经验参考。重庆的实践证明，必须先从重点解决生产生活中反映最强烈、最突出、最紧迫的问题着手，对突出生态环境问题采取有力有效措施，统筹各领域各方面资源，把力气花在刀刃上。同时也需久久为功，方可善作善成，通过客观分析形势、明确目标任务，增强责任感、使命感、紧迫感，以更高站位、更宽视野、更大力度来谋划和推进生态文明建设工作。

坚持把系统观念、协同推进作为主要方法，全方位、全流域、全过程推进生态文明建设。生态文明建设是一场广泛而深刻的系统性变革。重庆坚持协同全方位、全流域、全过程推进生态文明建设，从系统工程和全局角度寻求新的治理之道。完善山水林田湖草沙一体化保护和系统治理机制，升级林长制、河湖长制，坚决打好三峡库区危岩治理攻坚战，健全长江十年禁渔长效机制，实施珍贵濒危水生野生动物保护计划，推动上中下游地区的互动协作，增强各项举措的关联性和耦合性。在要素协同上，重庆协同推进区域生态治理、矿山生态修复、地质灾害防治、水环境保护治理、国土绿化提升、土地整理与土壤污染修复、生物多样性保护 7 项大工程，全力推动长江上游生态系统保护和修复。系统打造美丽样本，缙云山、铜锣山分别入选全国生态修复典型、生态环保督察整改正面典型、联合国缔约方大会生态修复典型案例。在区域协同上，重庆持续强化沿江

11 个省（市）尤其是成渝地区的双城经济圈协作，促进要素跨区域自由流动，区域协同生态环境保护和一体化融合发展水平实现重大提升。通过加强构建川渝联建联治体系，重庆携手四川在治水、治气、治废、督察、执法等领域签订近 100 项生态环保合作协议，打造了跨省域协作样板。重庆的实践证明，必须坚持系统观念、全局思维，从生态系统整体性、流域系统性的内在规律出发，从源头上系统开展生态环境修复和保护，才能真正全面筑牢长江上游重要生态屏障。

坚持把深化改革、制度创新作为关键一招，生态文明制度建设取得重要突破。保护生态环境，必须坚持深化生态文明体制改革，用体制机制的高质量创新为生态文明建设提供坚实的制度性保障。创新是引领发展的第一动力，是化解制约生态文明建设深层次矛盾的不竭源泉。重庆在生态文明体制改革上先行一步，扎实推进重点改革，全面推广执行治气攻坚八项惠企政策、危险废物跨省市转移"白名单"制度、河长工作交接制度，健全"3+5+7"督导帮扶工作机制，在全国率先推行建设用地土壤污染程度分级和用途分类管理等 40 余个典型案例在全国推广。成为全国首个全域开展国家级绿色金融改革创新试验的省级经济体，碳排放权、排污权、用水权等环境权益交易机制逐步完善；建立省域横向生态补偿机制，积极探索非国有林生态赎买机制。积极探索超大城市现代化治理方式，推进生态环境领域"大综合一体化"行政执法改革，强化全链条闭环式生态环境风险管控体系，更好实现生态环境保护由"治"到"制"，再向"智"的跃迁。重庆的实践证明，解决好生态文明建设中面临的诸多矛盾和问题，依然要靠制度、靠改革，只有实行最严格的制度、最严密的法治，才能为生态文明建设提供可靠保障。同时必须坚持守正创新，准确识变、科学应变、主动求变，坚持创新思维、提升创新能力，用改革创新的办法破解难题、激发活力，才能推进生态文明建设行稳致远。

三、奋力谱写中国式现代化重庆新篇章

新征程上，重庆要坚持以习近平生态文明思想为指引，深入贯彻习近平总书记重要讲话、指示精神和党中央决策部署，在推动成渝地区双城经济圈建设、加快建设西部陆海新通道、长江经济带高质量发展等国家重大战略协同联动中，与时俱进探索美丽重庆建设新路径、新机制、新办法，筑牢绿色本底，培育形成绿色生产力，高质高效打造美丽中国先行区，走出一条以生态优先、绿色发展为导向的高质量发展新路子，绘就中国式现代化的重庆画卷。

坚持思想引领，深入贯彻落实习近平生态文明思想。党的十八大以来，习近平总书记对重庆经济社会发展的指示要求，指引重庆各项事业沿着正确的政治方向阔步前进。重庆"共抓大保护、不搞大开发"的生态文明建设实践能够取得显著成效，最根本在于习近平总书记的重要讲话重要指示为重庆克难攻坚昂扬向上、奋勇向前行稳致远指路引航、把脉定向。新时代新征程，重庆坚定拥护"两个确立"、坚决做到"两个维护"，立足两个大局、心怀"国之大者"，不断提高政治判断力、政治领悟力、政治执行力，自觉做习近平生态文明思想的坚定信仰者、积极传播者和忠实实践者。坚持以人民为中心，有效统筹高水平保护、高质量发展、高品质生活、高效能治理。保持战略定力，唯实争先、久久为功，统筹各领域各方

面资源，汇聚形成建设人与自然和谐共生现代化的强大合力。

扛起政治责任，守牢长江上游生态安全屏障。生态屏障是维护国家生态安全的重要保障，筑牢生态屏障对于中华民族永续发展意义重大。新时代新征程，重庆作为三峡库区的主要承载地，要持续深入推进长江上游重要生态屏障建设，持续推进生态保护修复，遵循生态系统演替规律和内在机理，坚持统筹兼顾、整体实施。一是不断提高生态系统自我修复能力，增强生态系统稳定性，促进自然生态系统质量的整体改善和生态产品供给能力的全面增强；二是加强自然保护地和生态保护红线的监督，构建"三带四屏多廊多点"生态安全格局，守住自然生态安全边界；三是推进山水林田湖草一体化保护修复，推进实施重要生态系统保护和修复重大工程，呵护好"一江碧水向东流"的生态美景。

谋实任务举措，以高水平保护推动美丽重庆建设。绿色是高质量发展的底色。新时代新征程，重庆要以推进美丽中国先行区建设为契机，进一步树牢"共抓大保护、不搞大开发"理念，大力推动绿色发展、建设美丽重庆。坚决打好长江经济带污染防治攻坚战，加快推进生态环境治理理念、思路、机制、方法变革重塑，全面提升长江生态环境保护质效。系统构建美丽重庆建设的"四梁八柱"，一体推进治水、治气、治土、治废、治塑、治山、治岸、治城。围绕"持续改善生态环境质量"一条主线，协同"减污、降碳"两个抓手，突出"精准、科学、依法"三个治污，统筹"绿色低碳发展、污染防治攻坚、生态保护修复、环境风险防范、区域协同共治、治理能力提升"六大任务。保持加强生态文明建设的战略定力，全力打造更多具有重庆辨识度、全国影响力的标志性成果。

抢抓战略机遇，在长江经济带高质量发展中展现新作为。重庆是西部大开发的重要战略支点，处在"一带一路"和长江经济带的联结点上，国家区域发展和对外开放格局战略为重庆带来重大发展机遇。重庆坚持把"共抓大保护、不搞大开发"作为主旋律，推动形成节约资源和保护环境的空间格局、产业结构、生产方式、生活方式。新时代新征程，重庆要坚决扛起在推进长江经济带绿色发展中发挥示范作用的重大使命，通过高水平保护，为高质量发展"亮明底线""画出边框"，推进产业结构、能源结构、交通运输结构等转型升级，实现发展方式绿色转型。凝聚绿色发展合力，使绿水青山产生巨大生态效益、经济效益、社会效益。因地制宜发展新质生产力，以高端化、智能化、绿色化为方向，统筹推进传统产业绿色化转型升级、战略性新兴产业培育壮大、未来产业布局建设，构建绿色低碳循环经济体系。强化政府侧、社会侧、产业侧、企业侧协同，更好促进生态环保产业与先进制造业、现代服务业、数字经济等深度融合、赋能增效，推动长江经济带高效联动发展。

聚焦制度建设，深化美丽重庆生态文明体制改革。全面深化改革是推进中国式现代化的根本动力，也是推动生态文明建设阔步前行的重要法宝。新时代新征程，重庆要深刻认识和把握深化生态文明体制改革的重大意义、原则方法和目标任务，凝心聚力、奋发进取。落实国家全面深化生态文明体制改革的相关部署，以钉钉子精神抓好改革任务落地见效。坚持问题导向、目标导向、结果导向，更加注重系统集成、突出重点、改革实效，更好地解决一系列深层次矛盾和多发性难题。锚定"西部领先、全国进位和重庆辨识度"总体要求，统筹全市相关各级各部门，完善支撑美丽重庆建设的目标体系、工作体系、政策体系、评价体系，加快完善落实绿水青山就是金山银山理念的体制机制，探索健全现代环境治理体系、生态保护修复监管制度、绿色低碳发展机制的重庆模式，构筑支撑美丽重庆建设的"四梁八柱"，着力打造深化生态文明体制改革标志性成果。同时强力推进创新深化、改革攻坚，打好法治、市场、科技、政策"组合拳"，推动理念创新、制度创新、管理创新、技术创新，不断增强美丽重庆建设的"内驱力"。

·

传播篇

·

"2024 年深入学习贯彻习近平生态文明思想研讨会"综述 *

  党的二十届三中全会对进一步全面深化改革、推进中国式现代化作出重大战略部署,明确将聚焦建设美丽中国、促进人与自然和谐共生作为进一步全面深化改革总目标的重要方面,系统部署深化生态文明体制改革的重点任务和重大举措,进一步丰富和发展了习近平生态文明思想。2024 年11 月 29 日,由生态环境部主办、习近平生态文明思想研究中心和生态环境部环境与经济政策研究中心承办的"2024 年深入学习贯彻习近平生态文明思想研讨会"在京召开。研讨会以"深化生态文明体制改革 全面推进美丽中国建设"为主题,通过开展研讨交流,深入学习贯彻习近平生态文明思想,全面落实党的二十届三中全会精神,为深化生态文明体制改革、全面推进美丽中国建设贡献智慧力量。生态环境部党组书记孙金龙、《人民日报》报社总编辑陈建文出席研讨会并讲话。中共中央党校(国家行政

---

* 原文刊登于《求是》2024 年第 24 期,作者:习近平生态文明思想研究中心。

学院）、中央党史和文献研究院、全国人大环境与资源保护委员会、中国社会科学院、国务院发展研究中心、中国人民银行研究局相关负责同志作主旨发言，来自全国各地的专家学者及有关地方和部门、单位负责同志参加会议。研讨情况综述如下。

一、牢牢把握深化生态文明体制改革、全面推进美丽中国建设的根本遵循和科学指引

与会同志一致认为，党的十八大以来，我国生态文明建设取得举世瞩目的巨大成就，美丽中国建设迈出重大步伐，根本在于习近平总书记领航掌舵，在于习近平新时代中国特色社会主义思想，特别是习近平生态文明思想的科学指引，也离不开生态文明体制改革的有力支撑和保障。

习近平生态文明思想是指导新时代生态文明体制改革的强大思想武器。与会同志认为，进入新时代，习近平总书记站在中华民族永续发展的高度，深刻把握生态文明建设在新时代中国特色社会主义事业中的重要地位和战略意义，坚持"两个结合"，创造性地提出一系列富有中国特色、体现时代精神、引领人类文明发展进步的新理念、新思想、新战略，形成并丰富发展了习近平生态文明思想。这一思想是生态文明建设认识论、价值论和方法论的有机统一，为推进生态文明体制改革、建设美丽中国提供了根本遵循，在指导新时代生态文明建设的伟大实践中展现出强大的真理力量。

习近平生态文明思想引领新时代生态文明体制改革成为全面深化改革进程中的亮丽篇章。与会同志认为，坚持用最严格制度、最严密法治保护生态环境是习近平生态文明思想的核心要义之一。党的十八大以来，以习近平同志为核心的党中央把生态文明体制改革作为全面深化改革的重要内容，采取一系列战略性举措，推进一系列变革性实践，实现一系列突破性进展，取得一系列标志性成果，我国生态文明制度体系实现系统性重塑，生态文明建设责任全面压紧、压实，自然资源和生态环境管理体制改革取得重大突破，生态环境治理体系改革持续深化，生态文明领域国家治理体系和治理能力现代化水平明显提升，新时代生态文明体制改革取得显著成效。

深化生态文明体制改革必须始终坚持习近平生态文明思想的科学指引。与会同志认为，深化生态文明体制改革，必须始终坚持习近平生态文明思想的科学指引，将学习贯彻习近平生态文明思想与学习贯彻习近平总书记关于全面深化改革的一系列新思想、新观点、新论断融会贯通、一体推进。要把我国生态文明建设的阶段性特征认识清，把人与自然关系的发展变化判断准，把深化生态文明体制改革的实际问题了解透，形成与时俱进的理论成果，更好地指导美丽中国建设的具体实践。

二、牢牢把握新时代生态文明体制改革的宝贵经验

与会同志一致认为，在新征程上深化生态文明体制改革，必须总结新时代生态文明体制改革的宝贵经验，遵循推进生态文明体制改革的重要原则，提升改革的科学性、预见性、主动性、创造性。

坚持党的全面领导，压实政治责任。生态文明建设是关系党的使命宗旨的重大政治问题，是关系民生福祉的重大社会问题。与会同志强调，必须

毫不动摇地坚持党对生态文明建设的全面领导这个根本原则，发挥党总揽全局、协调各方的领导核心作用，确保党的全面领导的优势在推进生态文明建设中得到充分发挥，保证生态文明体制改革沿着正确方向不断前进。

坚持守正创新，突出改革导向。问题是时代的声音，问题是改革的向导。找准问题，就找到了改革的突破口。与会同志认为，要坚持问题导向，加快破除生态环境保护存在的深层次难题以及绿色发展的体制机制的障碍。坚持目标导向和问题导向相结合，紧紧围绕影响美丽中国建设目标实现的突出问题设置改革议题，优化重点改革方案生成机制，提升改革的精准性、针对性、实效性。

坚持以人民为中心，增强改革动力。为了人民而改革，改革才有意义；依靠人民而改革，改革才有动力。与会同志认为，必须把牢以人民为中心的价值取向，坚持改革为了人民、改革依靠人民、改革的成果由人民共享，坚持生态为民、生态惠民、生态利民，主动顺应人民群众对高品质生态环境的新期待，着力推动生态环境持续改善、全面改善和根本好转，让美丽中国建设成果更多更公平地惠及全体人民。

坚持以制度建设为主线，找准改革重点。制度建设是关系党和国家事业发展的根本性、全局性、稳定性、长期性问题。与会同志认为，必须把制度建设作为重中之重，固根基、扬优势、补短板、强弱项，强化制度执行和刚性约束，推动生态文明制度更加成熟、更加定型，以更为完备的制度体系、更加有效的治理效能，为美丽中国建设提供基础支撑和有力保障。要把改革和法治相统一作为重要前提，确保生态文明体制改革在法治轨道上进行，做到重大改革于法有据。

坚持系统观念，用好改革方法。坚持系统观念，是全面深化改革的内在要求，也是推进改革的重要思想方法和工作方法。与会同志提出，深化生态文明体制改革是一项复杂的系统性工程，必须坚持系统思维、强化系统集成，把握好全局和局部、当前和长远、宏观和微观、主要矛盾和次要矛盾、特殊和一般的关系，协同推进降碳、减污、扩绿、增长，推动生态文明体制改革与其他各领域改革同向发力、协同高效。

三、牢牢把握深化生态文明体制改革的实践要求

与会同志一致认为，要深刻领悟"两个确立"的决定性意义，坚决做到"两个维护"，自觉做改革促进派、实干家，锚定美丽中国建设目标，求真务实抓落实、敢作善为抓落实。

立足中国式现代化的战略高度深化生态文明体制改革。与会同志认为，中国式现代化是人与自然和谐共生的现代化，美丽中国建设贯穿于中国式现代化的整个进程。必须在中国式现代化大局中建立一整套综合性生态文明体制改革方案，形成生态文明建设融入经济建设、政治建设、文化建设、社会建设的全过程一体化全方位体制机制。

加快建立完善促进绿色生产力发展的体制机制。与会同志认为，习近平总书记关于"新质生产力本身就是绿色生产力"的重大科学论断，为加快推进发展方式绿色转型、以新质生产力赋能高质量发展提供了科学指引。要加快深化生态文明体制改革，激发全社会创新活力，因地制宜发展新质生产力，全面贯彻新发展理念，把加快建设现代化经济体系、推进高水平科技自立自强作为美丽中国建设的重要支撑，使绿色低碳转型成效显著、

发展方式转变步伐加快、高质量发展取得明显成效。

推动深化生态文明体制改革任务落地见效。与会同志提出，要按照党的二十届三中全会部署，进一步提升生态环境治理现代化水平，不折不扣地落实深化生态文明体制改革的各项任务。要完善生态文明基础体制，实施分区域、差异化、精准管控的生态环境管理制度，制定生态环境保护督察工作条例，完善国家生态安全工作协调机制，积极推进生态环境法典的编纂，加快形成美丽中国建设实施体系和推进落实机制等；要健全生态环境治理体系，完善精准治污、科学治污、依法治污制度机制，落实以排污许可制为核心的固定污染源监管制度，建立新污染物协同治理和环境风险管控体系，深化环境信息依法披露制度改革，加强生态保护修复监管制度建设等；要健全绿色低碳发展机制，建立能耗双控向碳排放双控全面转型新机制，实施支持绿色低碳发展的环境经济政策和标准体系，大力发展绿色金融，完善绿色税制，深化生态环境领域科技体制改革，健全资源环境要素市场化配置体系，加快推进全国碳市场建设等。

以全球视野深化生态文明体制改革。与会同志认为，我国是全球生态文明建设的重要参与者、贡献者、引领者，深化生态文明体制改革是我国引领全球生态文明建设的体制保障。要探索形成生态文明国际交流和务实合作的体制机制，开展和而不同、兼收并蓄的文明交流。要善于将我国推动绿色发展、应对气候变化的成熟经验推广到世界范围，促进全球环境治理体系变革。要加强对外话语体系构建，展现可信、可爱、可敬的中国形象，让国际社会更好地读懂中国、理解中国。

习近平生态文明思想内蒙古论坛综述 *

  新时代以来，以习近平同志为核心的党中央从中华民族永续发展的高度出发，深刻把握生态文明建设在新时代中国特色社会主义事业中的重要地位和战略意义，大力推动生态文明理论创新、实践创新、制度创新，形成了习近平生态文明思想，为全面推进美丽中国建设、加快推进人与自然和谐共生的现代化提供了根本遵循。习近平总书记高度重视各地生态文明建设，走到哪里，就把生态文明建设的理念讲到哪里。党的十八大以来，先后三次到内蒙古自治区考察，全国两会期间五次参加内蒙古自治区代表团审议，对内蒙古生态文明建设作出重要讲话和指示批示，进一步丰富和发展了习近平生态文明思想。

  2024 年 6 月 18 日，经中共中央宣传部批准，生态环境部与内蒙古自治区党委、政府在呼和浩特共同主办习近平生态文明思想内蒙古论坛。论

---

* 原文刊登于《习近平生态文明思想研究与实践》专刊 2024 第 2 期，作者：习近平生态文明思想研究中心。

坛以"深入学习贯彻习近平生态文明思想　努力推进生态文明建设先行示范"为主题，共同探讨习近平生态文明思想在内蒙古的生动实践和经验启示。生态环境部党组书记孙金龙，内蒙古自治区党委书记、自治区人大常委会主任孙绍骋出席开幕式并讲话，内蒙古自治区党委副书记、自治区主席王莉霞主持开幕式。来自全国各地的专家学者及有关地方和部门负责同志参加会议。现将研讨情况综述如下。

一、习近平生态文明思想是不断丰富发展的科学体系

习近平生态文明思想是以习近平同志为核心的党中央治国理政实践创新和理论创新在生态文明建设领域的集中体现，系统回答了为什么建设生态文明、建设什么样的生态文明、怎样建设生态文明等重大理论和实践问题，集中体现为"十个坚持"。2023 年 7 月，习近平总书记在全国生态环境保护大会上，明确提出了"四个重大转变"（新时代我国生态文明建设实现由重点整治到系统治理的重大转变、由被动应对到主动作为的重大转变、由全球环境治理参与者到引领者的重大转变、由实践探索到科学理论指导的重大转变）、"五个重大关系"（高质量发展和高水平保护的关系、重点攻坚和协同治理的关系、自然恢复和人工修复的关系、外部约束和内生动力的关系、"双碳承诺"和自主行动的关系）。"四个重大转变""五个重大关系"既是对新时代生态文明建设巨大成就的系统总结，又是对新时代生态文明理论创新、实践创新、制度创新成果的高度凝练，与"十个坚持"构成一个相互联系、有机统一的整体，进一步概括了习近平生态文明思想的精神实质、丰富内涵、实践要求，标志着我们党对生态文明建设规

律的认识达到了新高度。

与会同志认为，习近平生态文明思想的发展是一个不断丰富拓展并不断体系化、学理化的过程，需要在理论创新、制度创新、实践创新等方面全面认识和把握。

一是理论创新。习近平生态文明思想是马克思主义中国化时代化的重要内容。2023年以来，习近平总书记提出并不断完善新质生产力理论，指出"绿色发展是高质量发展的底色，新质生产力本身就是绿色生产力"，蕴含着丰富的历史唯物主义和辩证唯物主义立场观点。与会同志认为，新质生产力本身就是绿色生产力等原创性理念，进一步深刻阐明了新质生产力与绿色生产力的内在联系，揭示了绿色发展在人类社会发展中的重要作用，指明了人类社会高质量发展的变革方向，是对绿水青山就是金山银山、绿色发展是发展观的深刻革命的拓展和深化，是习近平经济思想和习近平生态文明思想的融合创新，具有丰富的理论价值。

二是制度创新。持续推进生态文明顶层设计和制度体系建设，是习近平生态文明思想深化发展的重要方面。与会同志认为，建立健全生态产品价值实现机制，是贯彻落实习近平生态文明思想的重要举措。目前，我国已基本建立生态产品价值评估体系。推进生态产品价值实现，要健全生态产品调查监测机制，建立以产业生态化和生态产业化为主题的生态经济体系，进一步完善生态保护补偿制度，不断推动生态补偿主体与对象清晰化和生态保护补偿方式的市场多元化。

三是实践创新。理论的价值在于指导实践。2023年7月，习近平总书记在全国生态环境保护大会上指出，"深化人工智能等数字技术应用，构建美丽中国数字化治理体系，建设绿色智慧的数字生态文明"。与会同志认为，数字化已经成为当今科技进步和产业变革的潮流，世界正在进入以数字产业为主导的新经济发展时期。要深化人工智能等数字技术在生态文明建设中的应用和发展，推动"数字化的绿色化"和"绿色化的数字化"的融合，加强数字化的生态环境保护、发展数字化绿色低碳产业、推进数字化生态环境治理，实现数字文明和生态文明的融合，努力以数字生态文明建设推动人与自然和谐共生的现代化建设。

二、习近平生态文明思想是全面推进美丽中国建设的根本遵循

党的十八大以来，我国生态环境保护从理论到实践都发生了历史性、转折性、全局性变化，生态文明建设取得举世瞩目的巨大成就，美丽中国建设迈出重大步伐。同时，我国已成为全球空气质量改善速度最快、能耗强度降低最快、可再生能源利用规模最大、全球森林资源增长最多的国家，受到国际社会的普遍认可。与会同志认为，这些成绩的取得，根本在于以习近平同志为核心的党中央的坚强领导，在于习近平生态文明思想的科学指引。这是我们过去在生态文明建设上为什么能够成功的密码，也是未来怎样才能继续成功的法宝，必须长期坚持并不断丰富发展。

2023 年 7 月，习近平总书记在全国生态环境保护大会上对新征程建设美丽中国作出重大战略部署。2023 年 12 月，党中央、国务院印发《关于全面推进美丽中国建设的意见》(以下简称《意见》)，明确提出到 2027 年美丽中国建设成效显著，到 2035 年美丽中国目标基本实现，到 21 世纪中叶美丽中国全面建成。《意见》还明确了加快发展方式绿色转型、持续深入推进污染防治攻坚、提升生态系统多样性稳定性持续性、守牢美丽中国建设安全底线、打造美丽中国建设示范样本、开展美丽中国建设全民行动、健全美丽中国建设保障体系七项任务。

与会同志认为，建设美丽中国是全面建设社会主义现代化国家的重要目标，必须以习近平生态文明思想为根本遵循，牢固树立绿水青山就是金山银山理念，坚持生态优先、绿色发展，统筹产业结构调整、污染治理、生态保护、应对气候变化，协同推进降碳、减污、扩绿、增长，以高水平保护支撑高质量发展，加快形成以实现人与自然和谐共生的现代化为导向的美丽中国建设新格局。

三、以习近平生态文明思想为指引，持续筑牢我国北方重要生态安全屏障

内蒙古自治区地处祖国北疆，肩负着建设"两个屏障""两个基地""一个桥头堡"（我国北方重要生态安全屏障、祖国北疆安全稳定屏障、国家重要能源和战略资源基地、农畜产品生产基地、我国向北开放重要桥头堡）的使命任务，战略地位十分重要。与会同志认为，内蒙古作为我国北方面积最大、种类最全的生态功能区，其生态如何不仅关系全区各族群众生存和发展，更关系华北、东北、西北乃至全国的生态安全。筑牢我国北方重要生态安全屏障，对于建设人与自然和谐共生的现代化、实现中华民族永续发展，具有重要的战略意义，是内蒙古自治区必须牢记的"国之大者"。

党的十八大以来，内蒙古自治区始终牢记习近平总书记嘱托，认真贯彻落实习近平生态文明思想，坚决扛起构筑我国北方重要生态安全屏障的政治责任，坚定不移保生态、抓节约、治污染、推转型、促改革，生态环境质量持续改善，生态文明建设迈上新台阶，累计完成营造林 1.37 亿亩、种草 3.36 亿亩、防沙治沙 1.48 亿亩，规模均居全国第一，实现了从"沙进人退"到"绿进沙退"的历史性转变，库布齐沙漠治理模式为全球荒漠化治理贡献了"中国智慧"，毛乌素沙地治理获得了习近平总书记称赞。

2023 年 6 月，习近平总书记在内蒙古自治区巴彦淖尔市考察并主持召开加强荒漠化综合防治和推进"三北"等重点生态工程建设座谈会，发出了打好"三北"工程攻坚战、努力创造新时代中国防沙治沙新奇迹的伟大号召。与会同志认为，新征程上，内蒙古要坚持以习近平生态文明思想为指导，牢牢把握建成我国北方重要生态安全屏障的战略定位，坚持生态优先、绿色发展的战略方向，保持加强生态文明建设的战略定力，坚持山水林田湖草沙一体化保护和系统治理的战略路径，以更高站位、更宽视野、更大力度谋划和推进新征程生态环境保护工作。要处理好"五个重大关系"，在以高水平保护支撑高质量发展上下功夫，在以"双碳"战略引领绿色低碳转型发展上下功夫，在统筹推进重点攻坚和协同治理上下功夫，在综合运用自然恢复和人工修复上下功夫，在强化外部约束和内生动力上下功夫，努力打造生态文明建设的先行示范区，谱写美丽中国建设内蒙古篇章。

中国式现代化建设的重大原则：
绿水青山就是金山银山[*]

2005 年 8 月 15 日，时任浙江省委书记的习近平同志在安吉考察时创造性地提出"绿水青山就是金山银山"的科学论断。党的十八大以来，习近平总书记又多次对绿水青山就是金山银山理念进行系统深刻的阐释，要求全党全社会牢固树立生态文明理念，以高品质生态环境支撑高质量发展。这一重要理念坚持辩证唯物主义和历史唯物主义世界观和方法论，深刻阐明了发展与保护辩证统一的关系，成为习近平生态文明思想的核心理念，也是习近平生态文明思想中最具代表性、最具原创性的重大理论成果之一。

2023 年 6 月 28 日，第十四届全国人民代表大会常务委员会第三次会议决定：将 8 月 15 日设立为全国生态日。这个首创性、标志性的纪念日，体现了新时代生态文明建设的重要地位，也体现了全面推进美丽中国建设的决心。

---

* 原文刊登于《中国新闻发布（实务版）》2024 年第 8 期，作者：胡军、宁晓巍。

绿水青山就是金山银山理念的时代意蕴

绿水青山就是金山银山理念是实现可持续发展的内在要求。习近平同志指出，"一定不要再想着走老路，还是迷恋着过去的那种发展模式""我们既要绿水青山，也要金山银山。宁要绿水青山，不要金山银山，而且绿水青山就是金山银山"。这一重要理念纠正了过去对环境与经济两者之间僵化对立的错误认识，深刻阐释了"生态本身就是经济""人不负青山，青山定不负人"的科学论断。绿水青山就是金山银山理念符合人类社会发展规律，不仅在实践中展现出了强大的真理力量和独特的思想魅力，而且在顺应时代潮流中不断创新发展。

绿水青山就是金山银山理念是推进中国式现代化建设的重大原则。党的二十大报告指出，中国式现代化是人与自然和谐共生的现代化，促进人与自然和谐共生是中国式现代化的本质要求。回顾历史，一些发达国家都经历了"先污染后治理"的过程，在发展中把生态环境破坏了，通过在全球范围占用资源、污染转移等形式支撑其快速发展，造成后发国家极易陷入现代化与生态环境相矛盾的西方模式。中国作为最大的发展中国家，人口规模巨大，环境容量有限，生态系统脆弱，走美欧老路是难以为继且走不通的。从唯物史观角度看，绿水青山就是金山银山理念是对改革开放以来积累的生态环境问题的反思，首先强调大自然是人类赖以生存发展的基本条件，必须尊重自然、顺应自然、保护自然。建设现代化国家不能以牺牲生态环境为代价，发展经济不能对资源和生态环境竭泽而渔，而且良好生态蕴含着无穷的经济价值，能够源源不断创造综合效益，不断推进和拓展中国式现代化。

　　绿水青山就是金山银山理念是统筹高质量发展与高水平保护的根本路径。高质量发展是全面建设社会主义现代化国家的首要任务，高水平保护是高质量发展的重要支撑。但如何处理好两者的关系却是一个世界性难题，也是人类社会发展面临的永恒课题。当前，世界百年未有之大变局加速演进，全球经济复苏乏力，经济全球化遭遇逆流，全球绿色低碳转型步履维艰，为我国协同推进高质量发展与高水平保护带来巨大压力。绿水青山就是金山银山理念蕴含丰富的自然辩证法思维，强调绿水青山既是自然财富，又是经济财富，指明了高质量发展的生态性和高水平保护的经济性，两者可以很好地相互促进，有效降低发展的资源环境代价，持续增强发展的潜力和后劲。把握这个问题的重点和前提在于，要认识到发展依然是解决我国一切问题的关键，但良好生态环境已经成为发展的重要基础，必须在发展中保护、在保护中发展。

　　绿水青山就是金山银山理念是解放和发展绿色生产力的科学方法。马克思认为，物质生产力是全部社会生活的物质前提，是推动社会进步的最活跃、最革命的因素。中国特色社会主义建设的根本任务就是解放和发展社会生产力，这一点任何时候都不能动摇。绿水青山就是金山银山理念运用和深化了马克思主义关于人与自然、生产和生态的辩证统一关系的认识，蕴含"保护生态环境就是保护生产力，改善生态环境就是发展生产力"的理论逻辑和实践逻辑，坚持绿色科技创新与绿色低碳产业良性互动、绿色生产要素与传统生产要素双轮驱动，改变了传统的以单纯发展经济为目标的发展方式，创造性地将解放和发展生产力同保护和改善环境有机结合起来，为推进绿色生产力发展提供了科学的方法。

绿水青山就是金山银山理念是知行合一的实践智慧

对知行关系的辩证理解是马克思主义哲学的重要命题，被视为马克思主义认识论、实践论的关键性概念。绿水青山就是金山银山理念既源于实践又指导实践，体现了知与行的统一。

一方面，知无穷尽、行无止境，绿水青山就是金山银山理念并非偶得，是"实践、认识、再实践、再认识"的螺旋式上升的规律性总结。习近平同志历来高度重视生态环境保护工作，回忆在陕西省延安市延川县梁家河村插队时曾讲道，"我从那时起就认识到，人与自然是生命共同体，对自然的伤害最终会伤及人类自己"，后来在福建工作期间曾五下长汀，治理水土流失、推动木兰溪水患综合治理，并提出"青山绿水是无价之宝"。从"无价之宝"到"金山银山"，一脉相传，蕴含大量的哲学思考和实践智慧，习近平同志将这些知与行反复总结、反复求证，体现了以知促行、以行求知的马克思主义政治家的政治智慧。

另一方面，"非知之艰、行之惟艰"，绿水青山就是金山银山理念是科学的论断，需保持思想自觉和行动自觉相统一。党的十八大以来，习近平总书记多次强调，树立和践行绿水青山就是金山银山的理念，一定要从思想认识和具体行动上来一个根本转变。2020 年 3 月，习近平总书记时隔15 年再次来到浙江安吉县余村考察，他说："余村现在取得的成绩证明，绿色发展这条路子是正确的，路子选对了就要坚持走下去。""路子"即"知"，"走下去"即"行"，要把绿水青山就是金山银山的理念印在脑子里、落实在行动上，绝不能保护、袒护、维护破坏生态环境的行为，绝不能口头上高唱绿水青山、背地里大搞"黑色增长"。

党的十八大以来，绿水青山就是金山银山理念犹如星火燎原，快速地从余村，从浙江走向全国，推动我国生态环境保护发生了历史性、转折性、全局性变化。在 2023 年全国生态环境保护大会上，习近平总书记深刻总结了我国生态文明建设的"四个重大转变"和继续推进生态文明建设必须处理好的"五个重大关系"，这既是对新时代生态文明建设巨大成就的系统总结，又是对新时代生态文明理论创新、实践创新、制度创新成果的高度提炼，体现了"知行合一"在生态文明建设领域的科学运用。

牢固树立和践行绿水青山就是金山银山的理念

党的二十大报告提出，必须牢固树立和践行绿水青山就是金山银山的理念，站在人与自然和谐共生的高度谋划发展。新征程上，我们要牢固树立和践行绿水青山就是金山银山的理念，坚持生态优先、绿色发展，始终走生产发展、生活富裕、生态良好的文明发展道路，努力建设人与自然和谐共生的中国式现代化。

加快完善体制机制。党的二十届三中全会提出，必须完善生态文明制度体系，协同推进降碳、减污、扩绿、增长，积极应对气候变化，加快完善落实绿水青山就是金山银山理念的体制机制。要聚焦全面推进美丽中国建设，坚持改革创新，坚持系统集成、协同高效，持续深化生态文明建设制度化、法治化进程，推动生态文明制度更加成熟、更加定型。完善生态文明基础体制，加强生态环境管理、国土空间用途管控、自然资源资产管理、法治建设等机制建设。健全生态环境治理体系，坚持精准治污、科学治污、依法治污，推进山水林田湖草沙一体化保护和系统治理的制度体系不断完善。健全绿色低碳发展机制，实施支持绿色低碳发展的财税、金融、投资、价格政策和标准体系，加快规划建设新型能源体系。

积极拓展转化路径。良好的生态环境蕴含着无穷的经济价值。要加快推进以产业生态化和生态产业化为主体的生态经济体系，把生态环境治理和发展特色产业有机结合起来。健全生态产品价值实现机制，把绿水青山蕴含的生态产品价值源源不断地转化为金山银山。推进生态综合补偿，健全横向生态保护补偿机制，统筹推进生态环境损害赔偿。让保护修复者获得合理回报，让破坏者付出相应代价。加快发展绿色生产力，加快绿色科技创新和先进绿色技术推广应用，深化人工智能等数字技术应用，培育更高质量的生态产品。推进美丽中国先行区建设，打造绿水青山就是金山银山的实践样本。

始终坚持系统思维。系统观念是具有基础性的思想和工作方法。山水林田湖草沙是生命共同体，要统筹考虑自然生态各要素，不断强化生态文明建设各项工作的系统性、整体性、协同性，注重统筹兼顾、协同推进。统筹产业结构调整、污染治理、生态保护、应对气候变化，推动实现环境效益、经济效益、社会效益多赢。大力推进多污染物协同减排，推动重要流域构建上下游贯通一体的生态环境治理体系。统筹水资源、水环境、水生态治理，注重整体保护、系统修复、综合治理。促进经济社会发展全面绿色转型，在坚持安全降碳的前提下，推动经济实现质的有效提升和量的合理增长。

加快建立健全生物
多样性多元化投融资机制 *

生物多样性与人类的生存和发展息息相关，全球经济中有 44 万亿美元适度或高度依赖于自然生态系统。

然而，生物多样性保护正面临着巨大的资金缺口，截至 2024 年，全球生物多样性保护资金投入年平均缺口达 7 110 亿美元。

经过两年多的精心筹备，生态环境部与联合国环境规划署、联合国多边信托基金办公室于 2024 年 5 月 28 日在北京签署《中华人民共和国生态环境部与联合国环境规划署关于昆明生物多样性基金的合作谅解备忘录》和《昆明生物多样性基金信托合作协议》，标志着昆明生物多样性基金正式启动。

日前，中欧加强生物多样性投融资机制对话会召开，如何加强制度建设，调动相关方面参与生物多样性保护备受关注。

基于此，《每日经济新闻》（以下简称 NBD）记者围绕生物多样性保

---

* 原文刊登于《每日经济新闻》（2024 年 6 月 4 日）。

护面临的困境、如何建立机制调动各方参与积极性等问题，专访了习近平生态文明思想研究中心主任，生态环境部环境与经济政策研究中心党委书记、主任——胡军。

全球经济中有 44 万亿美元依赖自然生态系统

NBD：大家普遍认为，相较于环境污染，生物多样性对人们生活的影响并不直接，您觉得加强生物多样性保护的意义是什么，为什么需要各方共同努力？

胡军：生物多样性关系人类福祉，是人类赖以生存和发展的重要基础。唯物史观认为，保护自然就是保护人类自己。习近平总书记指出："自然是生命之母，人与自然是生命共同体，人类必须敬畏自然、尊重自然、顺应自然、保护自然。"因此，保护自然、保护生物多样性，就是保护我们赖以生存和发展的共同家园。

生物多样性是可持续发展的目标和手段。我国幅员辽阔、生态系统类型复杂多样，各民族在认识自然、适应自然、利用自然的过程中积累形成了与生物多样性保护相关的生产生活习惯，造就了桑基鱼塘、高山梯田等经典范例，延续了数千年的中华文明。

科技高度发达的今天，人类诸多经济社会活动仍依赖于自然，2020 年世界经济论坛发布的《新自然经济系列报告》显示，全球经济中有 44 万亿美元适度或高度依赖于自然生态系统。

保护生物多样性是可持续发展的目标之一，《2030 年可持续发展议程》将遏制生物多样性的丧失纳入可持续发展目标之一；保护生物多样性也是实现可持续发展的重要路径，通过生物多样性保护，可持续利用生物资源，推动生态产品价值实现，可以促进经济高质量发展、人民致富。

保护生物多样性是全球的共同责任。地球是人类的唯一家园，全人类是一荣俱荣、一损俱损的命运共同体。《生物多样性公约》开篇明确指出"保护生物多样性是全人类共同关切的问题"。面对全球生物多样性危机，任何一国单打独斗都无法解决，必须践行多边主义，开展全球行动、全球应对、全球合作。

截至 2024 年，全球生物多样性保护资金投入年平均缺口达 7 110 亿美元

NBD：当前，生物多样性保护遇到了哪些困境？

胡军：当前，全球物种灭绝速度不断加快，生态系统服务功能明显衰退，生物多样性丧失的趋势没有得到根本遏制，严重威胁人类生存和可持续发展。第五版《全球生物多样性展望》显示，2010 年制定的 20 个"爱知生物多样性目标"（以下简称"爱知目标"）完成情况并不理想，存在生物多样性有效治理赤字。

造成全球"爱知目标"实现困难的原因是多方面的，包括部分国家意愿不足、指标本身量化难等因素，但更紧迫的是，资金投入少已成为全球生物多样性保护陷入治理困境的最重要原因。

据《生物多样性公约》秘书处统计，当前全球生物多样性保护资金投入年平均缺口达 7 110 亿美元。因此，如何加强投融资已成为各方高度关注的全球生物多样性治理关键问题之一。

NBD：您特别强调加强投融资，我们了解到，加强投融资机制建设方面也面临不少挑战，您能否介绍一下？

胡军：2022 年 12 月，在《生物多样性公约》第十五次缔约方大会（COP15）第二阶段会议上，我国作为主席国，在各方大力支持下，引领达成"昆蒙框架"。"昆蒙框架"明确提出逐步缩小生物多样性资金缺口，到 2030 年实现每年至少筹集 2 000 亿美元的目标。近期，在我中心联合欧洲环保协会举办的中欧加强生物多样性投融资机制对话会上，中外有关专家认为，有效发挥基于市场的投融资机制还面临以下挑战：

一是生物多样性投融资缺口较大。目前，生物多样性保护仍以政府投入为主，投资渠道较为单一，资金投入整体不足。各级生物多样性相关的财政资源尚未完全统筹，生物多样性市场化投入机制尚不完善，各地在生物多样性投融资领域还处于探索、起步阶段，部分优秀金融产品未得到充分挖掘和推广，总体来看社会资本未得到充分调动。

二是生物多样性相关项目风险较高，金融机构投资缺乏内生动力。相较于传统的绿色制造、绿色能源、环境保护等领域项目，大多数生物多样性保护类项目的公益性较强，项目的正外部性难以内生化，且项目商业模式不清晰、风险更大、回报率更低、资金回收周期更长，降低了金融机构的投资意愿。

三是生物多样性融资标准尚未确立，金融机构投资缺乏制度保障。生物多样性项目风险担保、补偿机制等相关配套政策不健全，且风险评估缺乏认定标准，缺乏有效政策工具防范相关风险，投融资缺乏有效引导。风险管理、项目量化考核、融资绩效评价等方面亟须出台相关标准规范，为金融机构投资等提供必要的制度保障。

四是缺乏合适的承贷主体和还款来源。生物多样性资源丰富的地区往往是经济欠发达地区，金融发展水平相对滞后。动植物物种分布大多呈现小、散、碎片化等特点，加之当前生物多样性可持续利用水平较低、方式单一，生物多样性价值实现缺乏有效途径，导致保护项目难以立项，缺乏合适的承贷主体。同时，项目的还款来源主要依赖于财政支出，市场化、社会化的还款来源不明确。

要调动市场主体特别是金融系统的积极性

NBD：针对前述挑战，如何让国际社会、政府部门、全社会特别是市场主体更好地参与到生物多样性保护中来？

胡军：从全球生物多样性治理层面来说，各国要从全人类共同利益出发，坚持以国际法为基础、以公平正义为要旨、以有效行动为导向，维护以联合国为核心的国际体系，遵循《生物多样性公约》的目标和原则，努力落实"昆蒙框架"。发达国家应该展现更大的雄心和行动，为发展中国家提供资金、技术、能力建设等方面的支持，避免设置绿色贸易壁垒，帮助其加速绿色低碳转型进程，实现在保护生物多样性中互利共赢。

从我国来说，建议可从以下几个方面推动全社会参与生物多样性保护：

完善生物多样性保护政策法规和体制机制。在政策法规层面，推动建立健全生物多样性保护及可持续利用相关政策法规，加快建立健全政府主导、多方参与的生物多样性保护主流化落地政策支撑体系，为多主体参与生物多样性保护提供制度保障。在体制机制方面，完善生物多样性保护协同治理机制，推进国家和地方层面部门间协同联动，强化各级政府的主导作用，支持鼓励科研机构、企业、社会组织和公众共同参与到生物多样性立法、监督等决策过程中。积极搭建经验交流分享平台，引导鼓励各地分享具有典型性、代表性、先进性的优秀案例，加强互学互鉴。

建立健全多元化投融资机制，调动市场主体特别是金融系统的积极性。从国内外经验看，相关主体是能够从保护生物多样性中获益的。例如，欧盟在《我们的生命保障，我们的自然资本：欧盟生物多样性战略 2020》中指出，若全世界按目前水平推动生物多样性保护，预计到 2050 年，生物多样性和生态系统服务所带来的新兴市场（如认证农产品、认证森林产品、生物炭等自然资源）中，与可持续相关的全球商机累计可以达 2 万亿～6 万亿美元。

此外，还要强化生物多样性宣传教育，加大企业和公众参与力度。

探索将生物多样性保护纳入《绿色债券支持项目目录》

NBD：对于调动市场主体特别是金融系统的积极性，可以采取哪些具体措施？

胡军：首先，强化生物多样性保护的财政资金统筹，推动市场化投融资机制。充分利用国务院加强生物多样性保护工作协调机制，强化多部门协作，加大财政资金统筹力度，优化生物多样性保护领域财政资源配置。建立健全生物多样性保护等支出绩效考评制度，推动评价结果与资金分配挂钩，提高财政支出绩效。加强《生态保护补偿条例》在保护生物多样性中的运用，探索纵向、横向、综合生态补偿方式。探索多元化投融资机制，鼓励金融机构开发绿色金融产品，如生物多样性保护债券、基金等，为企业提供多样化的融资渠道。

其次，推动生物多样性投融资标准及相关指导文件制定。建议相关部门与金融机构合作，推动出台生物多样性保护投融资相关指导文件，包括生物多样性投融资标准、风险管理标准等，明确生物多样性投融资负面清单，为社会资本参与生物多样性投融资提供政策指导。探索将生物多样性保护纳入《绿色债券支持项目目录》，并细化生物多样性相关分类，为金融机构投融资提供目标指引。鼓励金融机构与生物多样性保护项目方合作，共同开发风险管理工具和方法，降低项目的融资风险。

再次，加强生物多样性风险评估与信息披露。金融机构应加强生物多样性风险评估和管理，将其纳入信贷和投资决策中，并在财务报告或公开信息中给予披露。推动将生物多样性保护内容纳入企业 ESG（环境、社会和治理）信息披露中，对生物多样性产生重大影响的企业行为，应依法追究其法律责任。建立信息共享平台，绘制生物多样性风险地图，让企业和金融机构及时了解生物多样性保护的最新进展和动态，为社会资本参与生物多样性投融资提供参考。

最后，推动生物多样性价值核算与生态产品价值实现。健全完善生物多样性和生态产品价值评估标准，推动包括生物多样性价值在内的具有公益属性的生态产品价值核算。支持企业开展生物多样性保护项目，通过生态补偿、碳交易等方式实现经济收益。探索建立生物多样性价值转化平台和市场交易体系，鼓励社会资本参与创新生物多样性可持续利用机制，拓宽生态产品价值实现路径，提升社会资本参与生物多样性保护投融资的积极性。

向世界讲好中国履行国际环境公约故事 *

地球是全人类赖以生存的唯一家园，保护生态环境、推动可持续发展是各国的共同责任。自 1972 年联合国召开第一次人类环境大会以来，环境问题上升到全球合作层面，签订并履行保护环境和自然资源的国际公约及协议成为协调全球环境治理的重要举措和有力行动。中国是推动国际环境公约进程的重要参与者、贡献者、引领者，履行国际环境公约是我们的庄重承诺，也是推动绿色发展创新实践的生动写照，体现了中国对全球环境治理承诺的坚定落实与持续贡献。

展现中国生态文明理念的有力举措

国际环境公约是为了保护、改善和合理利用环境资源而制定的一种具有法律约束力的多边环境协定，注重全球可持续发展，并把解决影响人类健康的环境问题摆在重要位置。这与习近平生态文明思想中"良好生态环

---

* 原文刊登于《学习时报》2024 年 8 月 16 日第 2 版，作者：俞海、宁晓巍。

境是最普惠的民生福祉""生态兴则文明兴"等理念相融相通,与中国共建繁荣、清洁、美丽世界的目标愿景具有高度的一致性。中国积极支持国际环境公约,将相关条约文件精神和国际环保标准纳入国内环保法律政策体系,并在《中华人民共和国生物安全法》《中华人民共和国核安全法》《中华人民共和国海洋环境保护法》等法律中,明确要求履行中华人民共和国缔结或者参加的国际条约规定的义务。讲好中国履行国际环境公约故事,有助于更好传递中国生态文明理念,展现中国对全球环保共识的尊重与践行,体现中国生态文明建设与国际环境公约要求的"最大公约数"。党的十八大以来,中国坚持以多边环境规则为抓手,积极推动生物多样性保护、应对气候变化、化学品管理、臭氧层保护、汞排放等领域履约,对解决全球环境问题产生重要影响,正在逐步成为国际环境规则的主要参与者和制定者。特别是中国始终坚持"共同但有区别的责任"原则,捍卫了广大发展中国家的利益,得到国际社会广泛赞誉。讲好中国履行国际环境公约故事,有助于向国际社会传递中国智慧和中国方案,不断增强中国在全球环境治理体系中的话语权和影响力,有效回应关切、解疑释惑,展现负责任大国形象。中国履行国际环境公约所表现出的责任与担当,也是中国开放、包容、透明的自信态度。中国积极参加公约大会和公约谈判,呼吁各方凝聚共识、勠力同心、身体力行推动公约达成和实施。主动同国际社会分享履约信息,发布并向公约秘书处提交气候变化国家信息通报和两年更新报告,以及《生物多样性公约》《关于汞的水俣公约》等国家报告。通过讲好中国履行国际环境公约故事,可以让全世界了解中国履约进展,进一步展现我国以更加积极姿态参与全球环境治理、推动更高水平对外开放的信心和决心，同时也不断增强国际社会对我国环保承诺与行动的信任。

履行国际环境公约的中国故事和中国样本

积极参与应对气候变化全球治理。中国全面有效落实《联合国气候变化框架公约》，积极推进《巴黎协定》达成、签署、生效和实施，力争 2030 年前达到碳达峰，2060 年前实现碳中和。中国水电、风电、太阳能发电、生物质发电装机和新能源汽车保有量已连续多年稳居世界第一，建成全球最大碳市场。中国在做好自己的同时，也注重加强应对气候变化国际合作。中国企业参与建设的希腊比雷埃夫斯港，是共建绿色"一带一路"的典范项目，已经为当地增加就业岗位 1 万多个，累计直接社会贡献超 15 亿欧元，正在建设的融合新能源、绿色低碳技术的智慧港口项目，预计每年可节约用电约 1.1 万千瓦时，减少二氧化碳排放约 92 吨。此外，还与老挝等国共同开展低碳示范区建设，在阿联酋承建全球最大的单体太阳能发电站，帮助相关国家提高应对气候变化能力。这些生动实践为讲好中国履行国际环境公约故事提供了丰富的素材，展现了中国履约的坚实步伐和责任担当。有力推动全球生物多样性保护。中国作为主席国，领导举办《生物多样性公约》第十五次缔约方大会（COP15），推动达成兼具雄心和务实平衡的历史性成果"昆蒙框架"，为全球生物多样性治理注入强大动力。《中国生物多样性保护战略与行动计划（2023—2030 年）》明确的目标中有 3 项超额完成，13 项取得良好进展。中国坚持山水林田湖草沙一体化保护和系统治理，有效保护了 90% 的陆地生态系统类型和 74% 的国家重点保护野生动植物种群。2021 年，中国云南野生亚洲象远距离迁徙引起国内外广泛关注。为了不惊扰象群北上南归，人们庆祝传统节日时，不搞庆典，不点火祈福，沿途企业关灯停产，保持静默。全程历时 110 多天、经过 1 300 多千米的长途跋涉，象群最终在人类的帮助与引导下全部安全返回保护区。习近平总书记指出，"云南大象的北上及返回之旅，让我们看到了中国保护野生动物的成果"。这类故事不胜枚举，立体展现了生物多样性保护的中国样本。持续引领全球生态系统保护。中国履行《湿地公约》30 余年，13 座城市获得"国际湿地城市"称号，两次荣获"湿地公约奖"，形成了政府主导、部门协作、社会参与的湿地保护格局。严格履行《关于消耗臭氧层物质的蒙特利尔议定书》，截至 2023 年，已累计淘汰消耗臭氧层物质（ODS）生产和使用约 62.8 万吨，占发展中国家淘汰量的一半以上。成功淘汰 29 种类持久性有机污染物，每年减少数十万吨持久性有机污染物的生产和环境排放。中国是《联合国防治荒漠化公约》的最佳践行者之一，在世界上率先实现荒漠化土地和沙化土地面积"双减少"。在民间也有很多治沙故事，甘肃省古浪县八步沙林场"六老汉"三代人，一代接着一代干，持之以恒推进治沙造林事业，完成治沙造林 28.7 万亩，管护封沙育林草面积 43 万亩，以愚公移山精神生动书写了从"沙逼人退"到"人进沙退"的绿色篇章。类似的故事更加贴近普通人的生活，容易引起广泛共鸣和认同，为中国生态环境治理、履行环境公约增添了鲜活注脚。

用心、用情讲好履约故事

突出数据与事实支撑。运用翔实数据和具体案例，如减排量、重污染天数下降率、优良水体比例、森林覆盖增长率、清洁能源占比等，量化展示中国在履行公约过程中取得的实际成果，提升叙事的可信度。通过横向和纵向对比，展现中国生态文明建设的伟大成就和巨大变化，增强事实的说服力。突出人物与地方叙事。聚焦参与环保行动的个人、组织、地方政府等主体，通过他们的实践经历和创新举措，描绘生动的"绿色英雄"形象和成功案例。例如，请封沙育林的治沙人、垃圾分类站的工作人员、记录蓝天的摄影人等，用亲历者的视角讲述"带着泥土味儿""冒着热乎气儿"的故事，使故事更具人文关怀与感染力。突出科技与创新视角。突出介绍中国在环保科技研发、绿色技术应用、碳捕获与封存等方面的前沿进展，彰显中国依靠科技创新驱动绿色转型、助力公约履行的智慧与实力。讲好绿色科技出海、环保技术转让等故事，充分展现中国支持帮助其他发展中国家通过科技创新促进绿色低碳发展的担当与作为。突出国内与国际交流。讲述中国在积极参与实施全球环境保护合作项目中，与各国共享绿色经验、推动构建公平合理全球环境治理体系的举措，展现中国在全球环保议题上的开放姿态与合作共赢精神。积极倡导全球发展倡议、全球安全倡议、全球文明倡议，共同做大清洁美丽世界"蛋糕"，努力让生态文明建设成果更多、更公平，惠及各国人民。

弘扬"共建地球生命共同体"理念——向世界讲好中国跨国界生物保护区故事 *

在地球生态安全日益受到威胁的今天，跨国界生物保护区作为自然生态保护的重要阵地，扮演着不可或缺的角色。习近平总书记提出"加强生物多样性保护""共建地球生命共同体"理念，呼吁各国携手应对生物多样性丧失等生态环境领域的问题挑战。中国作为全球生物多样性保护的积极参与者、贡献者和引领者，在跨国界生物保护区的生动实践，书写着生态文明的重要篇章。向世界讲好这些故事，对凝聚各国共识、践行多边主义、共同保护全球生物多样性意义重大。

经验模式互鉴，凝聚全球共识

向世界讲好中国跨国界生物保护区故事有助于激发各国保护生态环境

---

* 原文刊登于《学习时报》2024 年 5 月 24 日第 2 版，作者：俞海、郝亮。

的意愿，促进经验、技术和资源等国际交流，携手共建美好地球家园。

促进经验技术交流互鉴。中国创新实施生态保护红线制度、划定生物多样性保护优先区域、加强就地与迁地保护、研发生物多样性监测技术、探索跨境合作管理机制等生物多样性保护举措，对加强跨境生物多样性保护具有重要的参考与实践价值。讲好中国故事，展示中国推进跨国界生物多样性保护的努力和成就，不仅可以增进国际社会对中国智慧、中国方案、中国贡献的认识，提升中国的国际形象和软实力，还能促进技术转移和知识共享，共同提升跨国界生物多样性保护的科学性和有效性。

展示国际合作新模式。跨国界生物多样性保护以不同国家间的平等对话为基础，出于生物多样性保护的共同目标，追求生态恢复、环境优美的共同价值取向，通过共同努力破除单一国家难以解决的生态问题，契合国际法"人类共同利益"原则的价值追求。中国与邻国以"联席管委会""合作备忘录"等柔性方式将跨境区域的管理权赋予各方形成共同体，联合实施一系列合作项目，为解决跨国生态环境问题探索新实践。这表明通过构建对话协商、互利共赢等合作机制，可有效应对生态挑战，为生物多样性保护国际合作提供新思路。

凝聚全球生态保护共识。生物多样性保护是一项系统性、复杂性、长期性工程，需要各国互相取长补短，相互汲取经验智慧。讲好中国故事，分享中国在跨国界生物多样性保护中的努力与成就，有助于提高国际社会对生态保护紧迫性的重视程度，传播人与自然和谐共生的生态文明理念，激发各国人民保护自然的主动性和积极性，形成全世界共同参与生态保护的良好氛围，促进全球生态伦理与价值观的共鸣，为实现联合国可持续发展目标凝聚力量。

提供中国智慧，谱写共赢篇章

在全球生态版图上，中国跨国界生物保护区如同一道道绿色桥梁，联结了自然与文明，书写着合作与共赢新篇章。

构建生态廊道。生态廊道作为生物迁徙的生命线，可突破地理限制、保障物种基因交流、维系生态平衡。科学规划廊道路径，辅之以必要的生态修复，可恢复自然保护地的连通性、确保野生动物安全通行。目前，我国已与多个国家合作，共建跨境自然保护地和生态廊道。陆域上，与乌兹别克斯坦、塔吉克斯坦、俄罗斯、巴基斯坦、蒙古国、吉尔吉斯斯坦、哈萨克斯坦、印度、不丹、阿富汗、尼泊尔等 11 个国家联合，共同保护被誉为"雪山之王"的雪豹；海域上，着力打造候鸟的"服务区"和"加油站"。近年来，途经上海崇明岛的候鸟越来越多，占全球种群数量 1% 以上的水鸟物种数达到 12 种，已成为全球生态网络重要节点。

开展联合执法。边境地区的盗猎活动严重威胁着跨境生物安全。然而，由于这些区域通常地广人稀、交通不便，盗猎分子有着较广的逃逸空间，加之执法人员囿于国境线的约束，执法实效更是难以保证。对此，我国与邻国以充分加强信息交流和协调为合作基础，开展执法人员联合培训，交流珍稀动物辨别和行政执法措施，通过定期巡护、跨境联合执法严厉打击了边境盗猎活动。在面积达 20 万公顷的中老跨境生物多样性联合保护区，中老双方通过跨境联合执法有效保护了亚洲象等珍稀濒危物种及其栖息地。

深化科研合作。跨国界科研合作可为复杂生态问题提供创新解决方案。我国积极推动跨国界建立联合研究基地、共享监测数据、开展物种保护项目。在西南地区，建立中国—东盟环境保护合作中心，与东盟国家合作开发和实施"生物多样性与生态系统保护合作计划""大湄公河次区域核心环境项目与生物多样性保护走廊计划"等项目，在生物多样性保护、生态廊道规划和管理以及社区生计改善等方面取得丰硕成果。在东北地区，中俄双方积极深化东北虎豹保护合作，两国专家常态化分享保护经验，定期进行联合调查，统一东北虎和东北豹数量的计数方法，共同开展野生动物种群生物遗传学方面的研究。

提供技术援助。我国历来重视帮助发展中国家提高生物多样性保护能力，经常开展栖息地生态环境质量评价、栖息地食用植物种群动态、栖息地生物多样性监测等方面的技术培训。同时，在野生动植物保护技术、装备、方法等领域的研发与应用也较为成熟，将这些技术设备提供给有需要的邻国。为帮助蒙古国保护已处于极度濒危状态的戈壁熊，我国与蒙古国签订戈壁熊保护技术援助项目实施协议，提供无偿援助资金实施项目，有效改善了戈壁熊栖息地连通性，促进种群间的基因交流，戈壁熊数量得到恢复并增长。

推动文化互鉴。生态保护区是文化交流的天然平台，有助于加深邻国间的相互理解和尊重。中老边境地区拥有丰富的生物多样性资源，同时也是多个民族聚居地。两国共同举办边民交流、能力提升培训、项目协调会、交流年会、联合宣传等活动，展示稻田养鱼、轮作耕作法等传统生态智慧。开展青少年生态夏令营，推广生态教育，增进两国青少年对生态保护的认识。这些活动不仅促进了生态知识与文化的传承，增强了两国人民的友好关系，还为生物保护区的社区共管奠定了人文基础。

注重听众体验，讲好中国故事

向世界讲好中国跨国界生物保护区故事，需要我们创造性地融合文化、科技与情感共鸣，设计出既跨越语言障碍又触动人心的传播方案，让全球受众真正理解并赞赏中国的生物多样性保护努力与成就。

构建沉浸式叙事体验。利用 AR/VR 技术，创建虚拟现实的保护区游览体验，使观众置身于中缅、中俄等跨国界生物保护区内，亲眼见证珍稀物种的生存状态与生态保护成果。结合 3D 扫描与卫星数据，复原生态系统变迁过程，让用户通过互动参与，直观感受保护工作的艰辛与成效。

打造故事共叙共享平台。研究生物多样性国际传播话语体系，建立多语种、多媒体的在线平台，集纳我国与周边国家跨境生物多样性保护实践、科研成果、社区参与案例等，形成"故事云"。鼓励合作伙伴、当地居民、志愿者上传自己的见证和感悟，通过共享的形式，构建多元化、共情性强的叙事网络，让受众在故事中找到情感共鸣。

可视化展示合作成果。开发包括物种数量变化、生态修复面积、社区经济改善指标等的跨国界生物保护区合作成果数据库，以动态数据图、效果对比图、典型人物故事等形式展现工作成果，注重以小故事讲述大道理，便于国际社会直观了解跨境生物多样性保护合作的积极影响，增强中国故事的国际影响力和认可度。

注重交流与联动。在联合国环境大会、《生物多样性公约》缔约方大会等国际场合组织主题边会，邀请政策制定者、环保专家、保护区管理者与国际媒体，深入交流跨国界生物多样性保护的挑战、政策创新与成功案例。鼓励观众提问、发表评论和分享看法，通过圆桌对话、政策解读等形式，将故事与相关政策结合，展现中国方案的全球价值。

绘就人海和谐共生画卷——解读《中国的海洋生态环境保护》白皮书 *

2024年7月11日，国务院新闻办公室发布《中国的海洋生态环境保护》白皮书，引起社会各界广泛关注。白皮书详细介绍了中国海洋生态环境保护的理念、实践与成效，有助于增进国际社会对中国海洋生态环境保护的了解，促进海洋生态环境保护国际合作。

中国是海洋大国，海洋生态环境保护事关海洋强国战略和美丽中国建设，关乎人与自然和谐共生的现代化。

在习近平生态文明思想的科学指引下，中国准确把握海洋生态环境保护核心理念，加快推进海洋生态文明建设，以海洋高水平保护支撑海洋高质量发展，促进人海和谐共生，走出了一条符合中国国情的海洋生态环境保护之路。

---

* 原文刊登于《人民日报》（海外版）2024年8月13日第8版，作者：俞海。

坚持尊重自然、生态优先，这是中国海洋生态环境保护的基本原则。中国坚持底线思维、生态优先，把海洋生态文明建设纳入海洋开发总布局之中，客观认识海洋生态系统的自然规律，正确处理自然恢复和人工修复的关系，筑牢海洋生态环境保护屏障，科学合理开发利用海洋资源，促进人海和谐共生。

坚持一体保护、系统治理，这是中国海洋生态环境保护的系统观念。中国坚持统筹山水林田湖草沙系统治理，开发和保护并重、污染防治和生态修复并举，陆海统筹推进海洋生态环境保护，河海联动、山海互济，打通岸上水里、陆地海洋以及流域上下游，探索建立沿海、流域、海域协同一体的综合治理体系，不断构建起从山顶到海洋的保护治理大格局。

坚持依法依规、严格监管，这是中国海洋生态环境保护的制度保障。中国坚持依法治海，统筹推进相关法律法规制修订，建立海洋生态环境保护法治体系，强化海洋生态环境常态化、全过程监管，发挥中央生态环境保护督察利剑作用，以最严格制度、最严密法治保护海洋生态环境。

坚持创新驱动、科技引领，这是中国海洋生态环境保护的战略路径。中国坚持创新驱动发展，强化技术体系、监测评估和体制机制创新，运用陆、海、空、天多种手段，推动海洋生态环境保护实现数字化、智能化转型升级，推进"智慧海洋"建设，发展海洋新质生产力。

坚持绿色转型、低碳发展，这是中国海洋生态环境保护的核心理念。碧海银滩也是金山银山，中国加快推动海洋开发方式向循环利用型转变，实现海洋绿色低碳可持续发展，不断拓展生态产品价值实现路径，以海洋生态环境高水平保护促进沿海地区经济高质量发展，创造高品质生活。

　　坚持政府主导、多元共治，这是中国海洋生态环境保护的治理体系。中国坚持政府主导海洋生态环境保护，建立中央统筹、省负总责、市县抓落实的海洋生态环境保护工作机制。同时，激活市场主体、交易要素和社会资本参与海洋生态环境保护，打造全社会协同发力、多元共治的可持续环境保护和生态修复模式。

　　坚持人民至上、全民参与，这是中国海洋生态环境保护的宗旨要求和力量源泉。中国坚持生态惠民、生态利民、生态为民，努力让人民群众吃上绿色、安全、放心的海产品，享受碧海蓝天、洁净沙滩的优美环境，提高人民群众临海亲海获得感、幸福感。弘扬人海和谐共生的海洋生态文化，形成全民积极参与的共识和行动自觉，打造共建、共治、共享新格局。

　　坚持胸怀天下、合作共赢，这是中国海洋生态环境保护的全球倡议。面向海洋则兴，放弃海洋则衰。中国海洋生态环境保护以实际行动践行海洋命运共同体理念，切实履行海洋国际公约，促进海洋生态环境保护国际合作，坚持共谋全球生态文明建设之路，为推动全球海洋环境治理和可持续发展贡献中国智慧。

　　当前，海洋生态文明建设迎来重大历史机遇。新征程上，我们要深入推进海洋生态文明建设，努力绘就人海和谐共生的生动画卷。

　　美丽海湾是美丽中国建设在海洋领域的集中体现，是统筹海洋高水平保护促进高质量发展的重要平台，是人与自然和谐共生的中国式现代化在海洋领域的生动实践。

　　《中共中央　国务院关于全面推进美丽中国建设的意见》将美丽海湾

纳入美丽中国建设全局，明确提出到 2027 年美丽海湾建成率达到 40% 左右，到 2035 年美丽海湾基本建成。锚定美丽中国建设目标，坚持以美丽海湾建设为抓手，融入经济社会发展全面绿色转型大局，纳入沿海地区全域美丽建设全局，协同推进美丽山川、美丽河湖、美丽海湾建设，有助于逐步提升海湾环境质量，不断提高典型海洋生态系统质量和稳定性，拓展人民群众亲海空间，以美丽海湾高颜值"风景线"，绘就沿海地区海洋经济高质量"发展线"。

海洋是高质量发展的战略要地，在守牢生态安全边界的前提下，我们要持续推进海洋资源节约集约利用，统筹强化海洋资源要素供给，维护海洋自然再生产能力，以海洋科技创新推动海洋经济产业创新，催生新产业、新模式，加快发展海洋新质生产力，不断塑造高质量发展的新动能和新优势。

以习近平生态文明思想为指引 建设人与自然和谐共生的美丽中国 *

摘要：党的十八大以来，以习近平同志为核心的党中央大力推进生态文明理论创新、实践创新、制度创新，提出一系列新理念、新思想、新战略，形成了习近平生态文明思想。习近平生态文明思想是习近平新时代中国特色社会主义思想的重要组成部分，是我们党不懈探索生态文明建设的理论升华和实践结晶，是马克思主义基本原理同中国生态文明建设实践相结合、同中华优秀传统生态文化相结合的重大成果，是以习近平同志为核心的党中央治国理政实践创新和理论创新在生态文明建设领域的集中体现，是人类社会实现可持续发展的共同思想财富，是新时代我国生态文明建设的根本遵循和行动指南。谱写新时代生态文明建设新篇章，需要我们学深、悟透、做实习近平生态文明思想。

---

* 原文刊登于《前进》2024 年第 4 期，作者：俞海。

关键词： 人与自然和谐共生；美丽中国；习近平生态文明思想

党的十八大以来，以习近平同志为核心的党中央大力推进生态文明理论创新、实践创新、制度创新，提出一系列新理念、新思想、新战略，形成了习近平生态文明思想。习近平生态文明思想是习近平新时代中国特色社会主义思想的重要组成部分，是我们党不懈探索生态文明建设的理论升华和实践结晶，是马克思主义基本原理同中国生态文明建设实践相结合、同中华优秀传统生态文化相结合的重大成果，是以习近平同志为核心的党中央治国理政实践创新和理论创新在生态文明建设领域的集中体现，是人类社会实现可持续发展的共同思想财富，是新时代我国生态文明建设的根本遵循和行动指南。谱写新时代生态文明建设新篇章，需要我们学深、悟透、做实习近平生态文明思想。

一、习近平生态文明思想是系统科学的理论体系

习近平生态文明思想系统阐释了人与自然、保护与发展、环境与民生、国内与国际等关系，系统回答了为什么建设生态文明、建设什么样的生态文明、怎样建设生态文明等重大理论和实践问题，构成了主题鲜明、体系完整、逻辑严密、内涵丰富的科学思想体系。其主要方面集中体现为"十个坚持"。

坚持党对生态文明建设的全面领导。这是生态文明建设的根本保证。生态环境是关系党的使命宗旨的重大政治问题。必须坚决担负起生态文明建设的政治责任，心怀"国之大者"，坚持正确政绩观，确保党中央关于

生态文明建设的各项决策部署落地见效，当好生态卫士。

坚持生态兴则文明兴。这是生态文明建设的历史依据。生态环境是人类生存和发展的根基，生态环境变化直接影响文明兴衰演替。古今中外有许多深刻教训值得深思，必须以对人民群众、子孙后代高度负责的态度和责任，加强生态文明建设，筑牢中华民族永续发展的生态根基。

坚持人与自然和谐共生。这是生态文明建设的基本原则。大自然是人类赖以生存发展的基本条件，人与自然是生命共同体。人与自然的关系是人类社会最基本的关系，必须深化对人与自然和谐共生的规律性认识，注重同步推进物质文明建设和生态文明建设。

坚持绿水青山就是金山银山。这是生态文明建设的核心理念。绿水青山和金山银山是辩证统一的。保护生态环境就是保护生产力，改善生态环境就是发展生产力。人不负青山，青山定不负人。我们既要绿水青山，也要金山银山，宁要绿水青山，不要金山银山，而且绿水青山就是金山银山。

坚持良好生态环境是最普惠的民生福祉。这是生态文明建设的宗旨要求。环境就是民生，青山就是美丽，蓝天就是幸福。生态环境在群众生活幸福指数中的地位不断凸显。必须坚持生态惠民、生态利民、生态为民，提供更多优质生态产品，让良好生态环境成为人民幸福生活的增长点。

坚持绿色发展是发展观的深刻革命。这是生态文明建设的战略路径。绿色低碳发展是解决生态环境问题的治本之策，高质量发展是绿色成为普遍形态的发展。必须全面贯彻新发展理念，协同推进降碳、减污、扩绿、增长，走出一条生产发展、生活富裕、生态良好的文明发展道路。

坚持统筹山水林田湖草沙系统治理。这是生态文明建设的系统观念。

生态是统一的自然系统，是相互依存、紧密联系的有机链条。必须坚持系统观念，推进山水林田湖草沙一体化保护和系统治理，注重综合治理、系统治理、源头治理，全方位、全地域、全过程开展生态文明建设。

坚持用最严格制度、最严密法治保护生态环境。这是生态文明建设的制度保障。制度是关系党和国家事业发展的根本性、全局性、稳定性、长期性问题，法治是治国理政的基本方式。必须加快制度创新、增加制度供给、完善制度配套，以法治理念、法治方式推动生态文明建设。

坚持把建设美丽中国转化为全体人民自觉行动。这是生态文明建设的社会力量。生态文明是人民群众共同参与、共同建设、共同享有的事业，每个人都是生态环境的保护者、建设者、受益者。要引导全社会树立生态文明意识，形成人人、事事、时时崇尚生态文明的社会氛围。

坚持共谋全球生态文明建设之路。这是生态文明建设的全球倡议。面对生态环境挑战，人类是一荣俱荣、一损俱损的命运共同体，建设全球生态文明需要各国齐心协力。要秉持人类命运共同体理念，推动构建公平合理、合作共赢的全球环境治理体系，共建清洁美丽世界。

二、中国式现代化是人与自然和谐共生的现代化

党的二十大报告指出，中国式现代化是人与自然和谐共生的现代化。这是以习近平同志为核心的党中央对中国特色社会主义生态文明建设认识的新突破，进一步丰富和拓展了现代化的内涵与外延，是中国式现代化道路和人类文明新形态的重要内容和重大成果，为推动生态文明建设实现新进步指明了方向、明确了路径。

人与自然和谐共生是中国式现代化的鲜明特征。中国式现代化是中国共产党领导的社会主义现代化,既有各国现代化的共同特征,更有基于自己国情的中国特色,其中之一就是要建设人与自然和谐共生的现代化。西方传统工业化在创造巨大物质财富的同时,也加速了对自然资源的攫取,打破了地球生态系统原有的循环和平衡。中华民族向来尊重自然、热爱自然,绵延五千多年的中华文明孕育着丰富的生态文化。中国式现代化继承和发扬中华优秀传统生态文化,坚决摒弃西方以资本为中心、物质主义膨胀、先污染后治理的现代化老路,坚决抛弃轻视自然、支配自然、破坏自然的现代化模式,坚定不移走生态优先、绿色发展之路,建设人与自然和谐共生的现代化。

促进人与自然和谐共生是中国式现代化的本质要求。马克思主义认为,人靠自然界生活,人类在同自然的互动中生产、生活、发展,人类善待自然,自然也会馈赠人类。以中国式现代化全面推进中华民族伟大复兴,必须始终处理好人与自然的关系,厚植中华民族永续发展的生态根基。同时,人民群众对优美生态环境的需要已经成为我国社会主要矛盾的重要方面,推进社会主义现代化建设,必须积极回应人民群众所想、所盼、所急。更为重要的是,我国作为超 14 亿人口的发展中大国,要整体迈入现代化,高消耗、高污染的发展模式是行不通的,资源环境的压力也是不可承受的。

尊重自然、顺应自然、保护自然是全面建设社会主义现代化国家的内在要求。生态文明建设是"五位一体"总体布局的其中一位,坚持人与自然和谐共生是新时代坚持和发展中国特色社会主义基本方略的其中一条,绿色是新发展理念的其中一项,污染防治攻坚战是三大攻坚战的其中一战,美丽是社会主义现代化强国目标中的其中一个。党的二十大报告明确提出，我们党的中心任务是全面建成社会主义现代化强国、实现第二个百年奋斗目标；高质量发展是全面建设社会主义现代化国家的首要任务；推动经济社会发展绿色化、低碳化是实现高质量发展的关键环节。从中心任务到首要任务再到关键环节，环环相扣、紧密相连，把生态文明建设摆上了前所未有的战略高度。

站在人与自然和谐共生的高度谋划发展。这是党中央立足新时代、新征程党的使命任务对谋划经济社会发展提出的重大要求和根本遵循。在处理人与自然关系上不能只讲索取不讲投入，不能只讲发展不讲保护，不能只讲利用不讲修复。经济建设、政治建设、文化建设、社会建设、生态文明建设各方面、各领域、各环节，都要在促进人与自然和谐共生的前提下统筹考虑、一体谋划、综合施策。要完整、准确、全面贯彻新发展理念，坚持以节约优先、保护优先、自然恢复为主的方针，着力推动高质量发展，加快构建新发展格局，努力探索以生态优先、绿色发展为导向的高质量发展新路子，不断谱写生态文明建设新篇章。

三、新征程继续推进生态文明建设需要处理好"五个重大关系"

2023 年，习近平总书记在全国生态环境保护大会上指出，新时代我国生态文明建设实现由重点整治到系统治理、由被动应对到主动作为、由全球环境治理参与者到引领者、由实践探索到科学理论指导的重大转变。"四个重大转变"是新时代生态文明建设理论创新、实践创新、制度创新成果的高度凝练，充分彰显了习近平生态文明思想的真理力量和实践伟力，进一步增强了全党全国人民建设人与自然和谐共生现代化的历史自信和历史主动。同时，习近平总书记深刻阐述了新征程上推进生态文明建设需要处理好的"五个重大关系"，进一步深化和拓展了我们党对生态文明建设的规律性认识，在实践基础上丰富发展了习近平生态文明思想。

正确处理高质量发展和高水平保护的关系。高质量发展和高水平保护相辅相成、相得益彰。新质生产力就是绿色生产力。必须把资源环境承载力作为前提和基础，自觉把经济活动、人的行为限制在自然资源和生态环境能够承受的限度内。通过高水平保护，不断塑造发展的新动能、新优势，有效降低发展的资源环境代价，持续增强发展的潜力和后劲。

正确处理重点攻坚和协同治理的关系。这是坚持两点论和重点论的有机统一，体现了抓主要矛盾和抓矛盾的主要方面的必然要求。生态环境治理是一项系统工程，需要统筹考虑环境要素的复杂性、生态系统的完整性、自然地理单元的连续性、经济社会发展的可持续性。

正确处理自然恢复和人工修复的关系。这体现了尊重客观规律和发挥人的主观能动性的辩证统一。充分尊重和顺应自然，依靠自然的力量恢复生态系统平衡的同时，人工修复提供必要的支持。把自然恢复和人工修复有机统一起来，因地因时制宜、分区分类施策，综合运用自然恢复和人工修复两种手段，持之以恒推进生态建设。

正确处理外部约束和内生动力的关系。这体现了外因与内因辩证统一、相互联系、互相转化的关系。只有人人动手、人人尽责，激发起全社会共同呵护生态环境的内生动力，才能让中华大地蓝天永驻、青山常在、绿水长流。同时始终坚持用最严格制度、最严密法治保护生态环境，保持常态化外部压力。

正确处理"双碳"承诺和自主行动的关系。这体现了稳中求进的科学方法论，也是统筹发展和安全、国内和国际关系的必然要求。推进碳达峰、碳中和是党中央的重大战略决策，是我们对国际社会的庄严承诺，也是实现高质量发展的内在要求。但达到这一目标的路径和方式、节奏和力度则应该而且必须由我们自己做主，决不受他人左右。

四、全面推进美丽中国建设

建设美丽中国是以习近平同志为核心的党中央着眼人与自然和谐共生现代化建设全局，顺应人民群众对美好生活的期盼作出的重大战略部署。2023 年，习近平总书记在全国生态环境保护大会上强调，全面推进美丽中国建设，加快推进人与自然和谐共生的现代化。《中共中央　国务院关于全面推进美丽中国建设的意见》对全面推进美丽中国建设作出系统部署，明确了总体要求、重点任务和重大举措。要深入学习贯彻习近平生态文明思想，准确把握美丽中国建设使命任务。

全面推进美丽中国建设是推进和拓展中国式现代化的必然要求。建设美丽中国是全面建设社会主义现代化国家的重要目标，关系高质量发展全局，事关如期实现第二个百年奋斗目标大局，必将贯穿于中国式现代化全过程。美丽中国建设统一于绿色低碳发展、高质量发展和中国式现代化的理论逻辑、任务逻辑、行动逻辑，必须完整、准确、全面贯彻新发展理念，坚定不移走生态优先、节约集约、绿色发展的高质量发展之路。

全面推进美丽中国建设是分阶段推进的战略任务。美丽中国建设锚定三个阶段目标：到 2027 年城乡人居环境明显改善，美丽中国建设成效显著；到 2035 年广泛形成绿色生产生活方式，碳排放达峰后稳中有降，生态环境根本好转，美丽中国目标基本实现；展望 21 世纪中叶，绿色发展方式和生活方式全面形成，重点领域实现深度脱碳，生态环境健康优美，美丽中国全面建成。要立足不同阶段目标，制定不同阶段的实施方案，明确不同阶段的重点任务和生态环境关键指标体系，不断优化具体举措和载体抓手，求真务实地推进美丽中国建设。

全面推进美丽中国建设是事关经济社会发展的系统工程。全面推进美丽中国建设关键在"全面"。从全局层面看，美丽中国强调推进能源、工业、交通运输、城乡建设、农业等全领域转型；从全域层面看，以美丽中国先行区建设为牵引，推进美丽城市、美丽乡村，美丽蓝天、美丽河湖、美丽海湾、美丽山川等方位提升；从全空间层面看，梯次推进西部、东北、中部、东部等美丽中国建设全地域建设全社会行动。"全面推进"意味着要协调推动各领域工作，切实把美丽中国建设放在"五位一体"总体布局和"四个全面"战略布局中，从系统论出发，增强全局观念，在多重目标中寻求动态平衡。

以美丽中国建设全面推进人与自然和谐共生的现代化。全面推进美丽中国建设责任重大、使命光荣，要把美丽中国建设摆在强国建设、民族复兴的突出位置，以更高站位、更宽视野、更大力度谱写新时代生态文明建设新篇章。要坚持目标导向和问题导向，着力推进加快发展方式绿色转型、持续深入推进污染防治攻坚、提升生态系统多样性、稳定性、持续性，守牢美丽中国建设安全底线，打造美丽中国建设示范样板，开展美丽中国建设全民行动，健全美丽中国建设保障体系，确保美丽中国目标如期实现。

深学细悟笃行习近平生态文明思想　为人与自然和谐共生的美丽中国贡献青春力量 *

党的十八大以来，习近平总书记站在中华民族永续发展的高度，大力推动生态文明理论创新、实践创新、制度创新，创造性地提出一系列新理念、新思想、新战略，形成了习近平生态文明思想，为新时代生态文明建设提供了根本遵循和行动指南。当代青年是与新时代同向同行、共同前进的一代，是生态文明建设的见证者和参与者，要深学细悟笃行习近平生态文明思想，不断增强政治认同、思想认同、理论认同、情感认同，努力为人与自然和谐共生的美丽中国贡献青春力量。

一、习近平生态文明思想是内涵丰富的科学体系

习近平生态文明思想是习近平新时代中国特色社会主义思想的重要组

---

* 原文刊登于《中国青年》2024 年第 14 期，作者：俞海。

成部分，对生态文明建设的总体思路、重大原则、目标任务、建设路径等作出了全面谋划，是一个系统完整、逻辑严密、内涵丰富、博大精深的理论体系。

聚焦人与自然和谐共生的主题。人与自然的关系是人类社会最基本的关系，是马克思主义基础性的理论观点，也是中华优秀传统生态文化的重要内容。习近平生态文明思想运用和深化马克思主义关于人与自然、生产和生态的辩证统一关系的认识，对中华优秀传统生态文化进行创造性转化和创新性发展，强调"人与自然是生命共同体"，系统阐释人与自然、保护与发展、环境与民生、国内与国际等关系，提出"人与自然和谐共生""尊重自然、顺应自然、保护自然""构建人类命运共同体"等重要理念，丰富和发展了马克思主义生态观、自然观，实现了马克思主义关于人与自然关系思想的与时俱进。党的二十大报告指出，我国建设社会主义现代化具有许多重要特征，其中之一就是我国现代化是人与自然和谐共生的现代化。中国式现代化建设之所以伟大，就在于艰难，不能走老路，又要达到发达国家的水平，就必须把生态文明建设放在突出位置，走人与自然和谐共生的现代化道路。

核心要义集中体现为"十个坚持"。习近平生态文明思想基于历史、立足当下、面向全球、着眼未来，以马克思主义立场观点方法，提出具有原创性、时代性、指导性的重大思想观点，蕴含丰富的道理、学理、哲理，系统阐释了人与自然、保护与发展、环境与民生、国内与国际等关系，就其主要方面来讲，集中体现为"十个坚持"：坚持党对生态文明建设的全面领导，坚持生态兴则文明兴，坚持人与自然和谐共生，坚持绿水青山就是金山银山，坚持良好生态环境是最普惠的民生福祉，坚持绿色发展是发展观的深刻革命，坚持统筹山水林田湖草沙系统治理，坚持用最严格制度、最严密法治保护生态环境，坚持把建设美丽中国转化为全体人民自觉行动，坚持共谋全球生态文明建设之路。这"十个坚持"深刻回答了新时代生态文明建设的根本保证、历史依据、基本原则、核心理念、宗旨要求、战略路径、系统观念、制度保障、社会力量、全球倡议等一系列重大理论与实践问题，标志着我们党对社会主义生态文明建设的规律性认识已达到新的高度。

深刻回答了一系列理论和实践问题。习近平生态文明思想集社会主义生态文明建设理论创新成果和实践创新成果之大成，深刻回答了为什么建设生态文明、建设什么样的生态文明、怎样建设生态文明等重大理论和实践问题。习近平总书记指出，处理好发展与保护的关系，是一个世界性难题，也是人类社会发展面临的永恒课题。早在 2005 年，时任浙江省委书记的习近平同志首次提出"绿水青山就是金山银山"科学论断，不仅为经济社会发展和保护生态环境指明了统筹发展路径，也深化了辩证唯物主义在生态文明领域的运用发展，成为马克思主义中国化、时代化的典范。进入新时代，习近平总书记将生态文明建设纳入"五位一体"总体布局和"四个全面"战略布局，全面加强党对生态文明建设的全面领导，不断深化生态文明体制改革，亲自谋划、亲自部署、亲自推动中央生态环境保护督察制度，持续深化环境污染防治，为以高水平保护支撑高质量发展，清晰擘画了"任务书""时间表""路线图"。

二、习近平生态文明思想是与时俱进的思想体系

习近平生态文明思想是一个不断展开的、开放式的思想体系，与时俱进是其重要理论特质，也使其永葆生机活力。习近平总书记在 2023 年全国生态环境保护大会上发表重要讲话，提出"四个重大转变""五个重大关系""六项重大任务"和"一个重大要求"，与"十个坚持"构成相互联系、有机统一的整体，是习近平生态文明思想的新阐释、新发展。

"四个重大转变"是新时代生态文明建设成就的全面总结。习近平总书记高度凝练党的十八大以来我国生态文明建设取得的举世瞩目的巨大成就，即实现了"四个重大转变"：实现由重点整治到系统治理的重大转变，实现由被动应对到主动作为的重大转变，实现由全球环境治理参与者到引领者的重大转变，实现由实践探索到科学理论指导的重大转变。"四个重大转变"凸显了历史和现实相贯通、理论和实践相结合、国内和国际相关联的鲜明特征，相互关联、相辅相成、相得益彰，构成有机统一的整体，其中思想和理论的重大转变居于统摄和管总地位，是认识之变、理念之变。"四个重大转变"彰显了新时代生态文明建设从理论到实践发生的历史性、转折性、全局性变化，充分证明了习近平生态文明思想的真理力量和实践伟力，进一步增强了全党全国人民建设人与自然和谐共生现代化的历史自信和历史主动。

"五个重大关系"为新征程生态文明建设提供了科学指引。习近平总书记创造性地提出了新征程推进生态文明建设必须处理好的"五个重大关系"：高质量发展和高水平保护的关系、重点攻坚和协同治理的关系、自然恢复和人工修复的关系、外部约束和内生动力的关系、"双碳"承诺和

自主行动的关系，其中处理好高质量发展与高水平保护的关系居于统领的地位，发挥着管总的作用。"五个重大关系"体现了马克思主义唯物辩证的思想方法，是对生态文明建设顶层设计与具体实践、战略与策略的创新把握，蕴含着深邃的认识论、方法论、实践论，以新的视野、新的认识、新的理念进一步丰富了习近平生态文明思想，促进了习近平生态文明思想的创新发展，为以美丽中国建设推进人与自然和谐共生的现代化提供了科学指引。

"六项重大任务"和"一个重大要求"是对生态文明和美丽中国建设的全面战略部署。"六项重大任务"即持续深入打好污染防治攻坚战，加快推动发展方式绿色低碳转型，着力提升生态系统多样性、稳定性、持续性，积极稳妥推进碳达峰碳中和，守牢美丽中国建设安全底线，健全美丽中国建设保障体系。这"六项重大任务"是贯彻落实党的二十大对生态文明建设的部署，是瞄准今后 5 年和到 2035 年美丽中国建设目标所作出的重大战略安排。"一个重大要求"是强调坚持和加强党对生态文明建设的全面领导。过去的实践表明，党的领导是生态环境保护和生态文明建设取得长足进步的根本保障。面对新征程上生态文明建设的新形势、新问题、新挑战，我们必须继续加强党对生态文明建设的全面领导，坚决扛起生态环境保护的政治责任，紧紧围绕"六项重大任务"推动美丽中国建设取得实实在在成效，确保党中央关于生态文明建设的决策部署落地见效。

三、以美丽中国建设全面推进人与自然和谐共生现代化

新时代我国生态文明建设取得举世瞩目的巨大成就，根本在于习近平新时代中国特色社会主义思想特别是习近平生态文明思想的科学指引。新

征程，必须完整、准确、全面把握习近平生态文明思想的核心要义、精神实质、丰富内涵、实践要求，在认识和把握巨大成就中感受真理伟力，在认识和把握形势挑战中坚定信心决心，在认识和把握使命任务中增强责任担当，努力以美丽中国建设全面推进人与自然和谐共生现代化。

牢记生态文明建设是"国之大者"。生态文明建设是关系中华民族永续发展的根本大计。党的十八大以来，以习近平同志为核心的党中央以前所未有的力度抓生态文明建设，把生态文明建设摆在全局工作突出位置。生态文明建设是"五位一体"的中国特色社会主义总体布局中的重要一位；在新时代坚持和发展中国特色社会主义的基本方略中，坚持人与自然和谐共生是其中一条重要方略；在新发展理念中，绿色是其中一个重要发展理念；在三大攻坚战中，污染防治是其中一大重要攻坚战；在到 21 世纪中叶建成社会主义现代化强国目标中，美丽中国是其中一个重要目标；在中国式现代化的鲜明特色中，人与自然和谐共生的现代化是其中一个重要特色。生态文明建设是关系强国建设、民族复兴和人民幸福的"国之大者"，真正践行了中国共产党的使命宗旨和价值追求。必须深刻领悟"两个确立"的决定性意义，增强"四个意识"、坚定"四个自信"、做到"两个维护"，以对党、对历史、对人民高度负责的精神，履行好职责，当好生态卫士。

坚定生态文明建设的信心。党的十八大以来，以习近平同志为核心的党中央以史无前例的力度加强生态环境保护，开展了一系列开创性工作，生态文明建设从理论到实践都发生了历史性、转折性、全局性变化。2012 年以来，我们以年均 3% 的能源消费增速支撑了年均超过 6% 的经济增长，2023 年全国地级及以上城市细颗粒物（$PM_{2.5}$）平均浓度为 30 微克／立方米，全国地表水水质优良（Ⅰ～Ⅲ类）断面比例为 89.4%。新时代生态文明建设取得的历史性成就，为在新征程上全面推进美丽中国建设积累了理论和实践经验，夯实了加强生态文明建设的坚实基础。同时，这些举世瞩目的巨大成就的取得，更加坚定了我们实现新的更大成就的信心和决心。必须坚定信念，砥砺前行，在新征程上推动生态环境保护工作不断取得新进步。

锚定美丽中国建设目标。当前，我国经济社会发展已进入加快绿色化、低碳化的高质量发展阶段，生态文明建设仍处于压力叠加、负重前行的关键期，生态环境保护结构性、根源性、趋势性压力尚未根本缓解，资源压力较大、环境容量有限、生态系统脆弱的国情没有改变，经济社会发展绿色转型内生动力不足，生态环境质量稳中向好的基础还不牢固，污染物和碳排放总量仍居高位，部分区域生态系统退化趋势尚未根本扭转，美丽中国建设任务依然艰巨。2023 年，习近平总书记在全国生态环境保护大会上提出了美丽中国建设主要目标：到 2027 年，美丽中国建设成效显著；到 2035 年，美丽中国目标基本实现；到 21 世纪中叶，美丽中国全面建成。未来，我们要坚持用习近平生态文明思想统一思想、统一意志、统一行动，坚决贯彻落实党中央关于生态文明建设重大战略部署，坚决当好美丽中国建设的排头兵和主力军，以高品质生态环境支撑高质量发展，推动实现人与自然和谐共生的现代化。

青年是祖国的未来、民族的希望。习近平总书记在 2024 年五四青年节寄语广大青年，要继承和发扬五四精神，坚定不移听党话、跟党走，争做有理想、敢担当、能吃苦、肯奋斗的新时代好青年，在推进强国建设、民族复兴伟业中展现青春作为、彰显青春风采、贡献青春力量，奋力书写为中国式现代化挺膺担当的青春篇章。广大青年朋友们要牢固树立人与自然和谐共生的理念，深学细悟笃行习近平生态文明思想，认真履行生态环境保护义务，主动形成绿色低碳生活方式，积极参与"美丽中国，我是行动者"系列活动，以思想自觉、行动自觉投身美丽中国建设，为建设人与自然和谐共生的美丽中国贡献青春力量。

参考文献

［1］中共中央宣传部，中华人民共和国生态环境部．习近平生态文明思想学习纲要 [M].北京：学习出版社，人民出版社，2022.

［2］阿东．深入学习宣传贯彻习近平生态文明思想　动员引领广大青少年在全面推进美丽中国建设中挺膺担当 [J]. 环境与可持续发展，2024，49(02): 35-39.

［3］俞海．深入理解和科学把握习近平生态文明思想 [J].社会主义论坛，2022(05): 8-10.

［4］钱勇．深刻认识新时代生态文明建设的"四个重大转变"[J].理论导报，2023(08): 15-18.

［5］黄润秋 . 全面加强生态环境保护　谱写新时代生态文明建设新篇章 [N].学习时报，2023-09-08(001).

［6］马竞越，张强 . 深刻理解和把握"五个重大关系"[N]. 中国环境报，2023-12-12(03).

［7］孙金龙，黄润秋 . 培育发展绿色生产力全面推进美丽中国建设 [J]. 求是，2024(12).

［8］中共中央　国务院关于全面推进美丽中国建设的意见 [N].人民日报，2024-01-12(001).

加快推动我国生态环境志愿服务高质量发展 *

摘要： 志愿服务是党和国家事业的重要组成部分，是社会主义现代化建设的重要力量，也是新形势下构建现代环境治理体系、推进美丽中国建设的重要抓手和有效途径。党的十八大以来，党中央和国务院高度重视生态环境保护和志愿服务事业的发展，对发展生态环境志愿服务事业作出系列重要部署。从2017 年国务院实施《志愿服务条例》到 2024 年中共中央办公厅、国务院办公厅印发《关于健全新时代志愿服务体系的意见》，新时代志愿服务事业高质量发展的工作思路和方法路径不断明晰。《中共中央　国务院关于全面推进美丽中国建设的意见》提出"推进生态环境志愿服务体系建设"，并将其作为开展美丽中国建设全民行动的重要内容。

关键词： 高质量发展；生态环境；志愿服务

志愿服务是党和国家事业的重要组成部分，是社会主义现代化建设的

---

*　原文刊登于《中华环境》2024 年第 10 期，作者：郭红燕、王璇。

重要力量，也是新形势下构建现代环境治理体系、推进美丽中国建设的重要抓手和有效途径。党的十八大以来，党中央和国务院高度重视生态环境保护和志愿服务事业的发展，对发展生态环境志愿服务事业作出系列重要部署。从 2017 年国务院实施《志愿服务条例》到 2024 年中共中央办公厅、国务院办公厅印发《关于健全新时代志愿服务体系的意见》，新时代志愿服务事业高质量发展的工作思路和方法路径不断明晰。《中共中央 国务院关于全面推进美丽中国建设的意见》提出"推进生态环境志愿服务体系建设"，并将其作为开展美丽中国建设全民行动的重要内容。《"美丽中国，我是行动者"提升公民生态文明意识行动计划（2021—2025 年）》将"志愿服务行动"作为"十四五"时期十大专项行动之一。《关于推动生态环境志愿服务发展的指导意见》明确生态环境志愿服务工作的主要内容和重点任务，为生态环境志愿服务工作的深入开展提供了全国性的行动纲领。在此背景下，我国生态环境志愿服务事业稳步推进，生态环境志愿服务项目内容日益丰富、数量持续增长，已经成为各类社会主体参与生态文明建设的重要渠道。本文研究总结生态环境志愿服务实践进展，识别制约因素，并提出相关对策建议。

我国生态环境志愿服务发展成效明显

当前，我国生态环境志愿服务事业已经初具规模，并积累了较好的社会基础，在推动打好污染防治攻坚战、助力美丽中国建设等方面发挥了不可或缺的重要作用。据中国志愿服务网统计，截至 2024 年 4 月，实名注册的生态环境志愿者人数超过 3 500 万，生态环境志愿服务队伍 30 余万个，开展生态环境志愿服务项目 151 万多个，约占全国志愿服务项目总数的 15%。结合生态环境部环境与经济政策研究中心于 2022 年开展的公民生态环境行为调查结果，分析得出我国生态环境志愿服务具有以下几方面的特点。

一是公众参与生态环境志愿服务积极性较高。从参与意愿来看，生态环境志愿服务是公众较为关注和喜欢参与的一类志愿服务。中国志愿服务研究中心的调查显示，生态文明志愿服务是公众志愿服务意愿的第二位选择。从实际参与情况来看，生态环境志愿服务队伍不断壮大，越来越多的普通人加入生态环境志愿服务行列，化身"民间河长""生态卫士""环保守夜人"，主动参与和践行生态环境志愿服务。2022 年，有超四成受访者参加过生态环境志愿服务，其中参加过 1～2 次的占比为 27.4%；参加过 3 次及以上的占比为 15.9%。

二是生态环境志愿服务参与内容不断丰富。生态环境志愿服务涉及生态环境保护宣传及知识普及、生态保护、污染防治、垃圾分类、生物多样性保护等多个领域，全社会参与生态环境志愿服务的领域和内容不断扩展。调查显示，2022 年，公众参与最多的志愿服务类型依次为绿色低碳实践参与、生态环境宣传教育和科学普及、生态环境社会监督活动，分别有 21.5%、19.8% 和 12.8% 的受访者参与，习近平生态文明思想理论宣讲、国际交流合作等方面参与率相对偏低。

三是生态环境志愿服务参与渠道较为多元。截至 2024 年，各地生态环境、自然资源、民政等部门结合重点工作，充分发挥生态环境宣教基地、对外开放设施、自然保护地等平台优势，组织开展了种类多样的生态环境志愿服务项目；同时，部分社会组织、志愿服务组织及企事业单位发挥自身优势，策划推出大量的生态环境志愿服务项目或活动，为社会主体参与搭建了平台渠道。调查显示，参加过的受访者中，通过社区渠道参与生态环境志愿服务的受访者最多，人数占比为 22.7%；其次是通过社会组织和政府渠道参与生态环境志愿服务，参与占比分别为 12.0% 和 10.3%；通过学校和企业渠道参与占比较低，分别为 7.7% 和 7.4%。

四是公众参与生态环境志愿服务呈现区域和人群差异。分区域来看，东部地区受访者参与生态环境志愿服务最多（46.0%），其次是西部和中部地区，东北地区最少（35.5%）。分人群来看，社区基层工作人员、环保社会组织工作人员、党政机关或事业单位工作人员、学生和离退休人员等群体的志愿者是志愿服务的引领者和主力军，这些群体中生态环境志愿者占比高达 36%，明显高于其他群体。此外，公众参与生态环境志愿服务的行为与其收入水平和学历水平有着较强关联，尤其是学历水平高的受访者参与生态环境志愿服务比例显著较高。

五是公众参与生态环境志愿服务面临阻碍因素。尽管公众参与生态环境志愿服务的需求呈上升趋势，但是，部分主客观因素的存在制约了公众参与生态环境志愿服务的路径与成效。从各类影响因素来看，公众认为影响其参与的最大阻碍因素是不知道如何参与（46.1%），其次是培训保障不足（19.1%）、活动没有吸引力（18.8%）、周围人都不参与（15.6%），其他阻碍还包括缺乏有效的激励反馈和活动组织不规范等。其中，超四成受访者认为"不知道如何参与"是阻碍自己参与生态环境志愿服务的主要因素，占比远远超过其他因素，说明公众参与生态环境志愿服务的渠道以及相关信息的宣传等均有待拓展和加强。

进一步推动生态环境志愿服务走向深入

总体而言，我国基本形成生态环境志愿服务多方积极参与的局面，公众参与生态环境志愿服务的意愿较高，参与领域覆盖到生态环境保护的方方面面。但是，还存在公众参与频次不高、效果有限，志愿服务项目规范程度不够，志愿服务不能很好地服务生态环保中心工作等问题。为更好地提升生态环境志愿服务的质量和水平，提出建议如下：

一是着力开发生态环境志愿服务品牌项目。鼓励各地围绕支持和服务国家战略，立足群众需求、贴近基层，大力挖掘、策划和培育生态环境志愿服务项目，打造一批主题鲜明、贴近群众、特色突出、成效显著、社会影响力大的志愿服务品牌活动和项目，进一步丰富生态环境志愿服务的内容与供给，增强品牌项目示范引领作用。创新项目孵化机制，鼓励环保社会组织、志愿组织、国有企业等开发生态环境志愿服务项目，对于重点项目、特色项目予以指导和扶持。

二是强化生态志愿服务项目信息发布。用好数字化、区块链等技术，加快建立国家生态环境志愿服务信息化管理平台，积极开发生态环境志愿服务信息聚合平台或小程序，提高生态环境志愿服务项目的信息管理能力。依托志愿服务网站、政务新媒体等渠道，定期汇总、发布生态环境志愿服务项目需求清单、服务岗位及提供服务时长等信息，打通管理部门、志愿服务组织与公众之间的链接通道，便于公众有效获取附近的各类生态环境志愿服务活动信息，实现志愿服务需求者和服务项目精准匹配，解决好信息鸿沟、信息偏差问题，为公众了解和参与生态环境志愿服务工作创造有利条件。

三是健全生态环境志愿服务激励保障机制。进一步规范志愿服务组织工作，尤其是强化志愿者权益保障，坚持谁使用、谁招募、谁保障，提供必要的物资设备、安全保障及相应保险，其他如基本的交通补贴、餐饮补贴等后勤保障。加大培训力度，重点开展志愿者岗前基础培训、项目知识技能专项培训等，提升生态环境志愿者的专业能力与专业素养。逐步建立以精神激励、物质激励和价值激励互为补充的多元激励机制，探索服务评价、星级认定、典型宣传、荣誉表彰、优先享受相关服务等激励方式，增强生态环境志愿服务对社会公众的吸引力，激发群众参与的积极性和主动性。

四是加大生态环境志愿服务的宣传力度。一方面，积极选举并向社会推介志愿服务工作中涌现的优秀个人、优秀组织、优秀项目等，增强志愿者对生态环境志愿服务的归属感、认同感、荣誉感，营造浓厚的生态环境志愿服务文化氛围。另一方面，加强对关键人群的宣传引导。结合群体画像特点，综合考虑收入、学历、地域等因素，制定更具针对性的宣传引导策略，如针对学生群体、老年人群体，注重采取讲故事、策划主题活动等"接地气"方式；又如针对"上班族"群体，注重应用微信、微博、抖音等新媒体渠道，加强生态环境志愿服务活动内容的宣传与解读，提高生态环境志愿服务的认可度，充分汇聚各层次、各领域志愿服务力量。

持续推进荒漠化综合防治　为共建清洁美丽世界提供"中国方案"*

习近平总书记强调，加强荒漠化综合防治，深入推进"三北"等重点生态工程建设，事关我国生态安全、事关强国建设、事关中华民族永续发展，是一项功在当代、利在千秋的崇高事业。进入新时期，必须继续坚持系统观念，扎实推进山水林田湖草沙一体化保护和系统治理，全面提升荒漠生态系统质量和稳定性，奋力谱写人沙和谐的中国式现代化愿景，为共建清洁美丽世界提供"中国方案"。

深刻领会推进荒漠化防治的重大意义

这是携手构建全球人类命运共同体的伟大实践。土地退化和荒漠化是影响人类生存和发展的全球重大生态问题，被称为"地球的癌症"。根据联合国环境规划署统计数据，2013 年全球荒漠化土地占陆地总面积的 1/4，目前仍以每年 5 万～7 万平方千米的速度扩张，世界上受荒漠化影响

＊　原文刊登于《中国青年》2024 年第 23 期，作者：王萌、张蒙、耿润哲。

的国家达 110 余个，近 10 亿人口受到荒漠化威胁。联合国将荒漠化防治纳入 2030 年可持续发展议程，提出"到 2030 年实现全球土地退化零增长目标"。中国作为《联合国防治荒漠化公约》的缔约国，积极探索荒漠化防治的中国路径，不但是承担大国责任、展现大国担当的具体体现，而且能够为绿色"一带一路"建设和全球生态环境改善做出积极贡献。据不完全统计，2000—2017 年，我国用全球 6.6% 的植被面积，贡献了全球 25% 的"增绿"量，向国际社会交出了库布齐沙漠和毛乌素沙漠等多个"沙漠变绿洲"的优秀答卷，塞罕坝机械林场先后荣获联合国环保最高荣誉——"地球卫士奖"和防治荒漠化领域最高荣誉——"土地生命奖"。

这是党领导人民筑牢生态文明之基的重大举措。我国是世界上荒漠化最严重的国家之一，荒漠化、风沙危害和水土流失导致的生态灾害，制约着"三北"地区经济社会发展，对中华民族的生存、发展构成挑战。近 45 年以来，党领导人民把防沙治沙作为荒漠化防治的主要任务，始终坚持长时间、大规模治理，开展了一系列根本性、开创性和长远性工作。先后实施"三北"工程、退耕还林还草、京津风沙源治理以及山水林田湖草沙一体化保护和修复等一系列国家重大生态工程，荒漠化和土地沙化实现"双缩减"。第六次全国荒漠化和沙化调查结果显示，全国荒漠化和沙化土地面积分别下降至 257.4 万平方千米、168.8 万平方千米。2009—2019 年，荒漠化和沙化土地分别净减少 5.0 万平方千米、4.3 万平方千米，连续 4 个监测期净减少。《国家生态保护修复公报 2024》显示，实施"三北"工程 45 年来，累计完成造林保存面积 32 万平方千米、治理退化草原 85.3 万平方千米，工程区森林覆盖率从 1978 年的 5.1% 提高到 2023 年的 12.1%，重点治理区实现了从沙进人退到绿进沙退的历史性转变。

这是加快推动经济社会可持续发展的重要抓手。草木植成，国之富也。荒漠化防治不但关乎荒漠化地区的生态建设，也影响该地区的经济社会发展和乡村振兴。在国家防沙治沙战略重点及沙产业发展目标的政策导向下，我国北方涌现出"特色沙产业与林果产业一体化发展模式""庭院生态经济与生态庄园开发模式"等推动经济社会发展的荒漠化防治模式。这一定程度上证明，针对可开发利用的荒漠化区域，管好用好沙区有限资源，不但能够保障荒漠生态系统的健康和可持续性，而且能够让荒漠生态系统更好地服务人类，为区域高质量发展注入新动能、塑造新优势。例如，内蒙古磴口县在抓好生态治理的同时大力发展产业治沙，拓展生态价值空间，有机种养殖业、特色林果业、中草药材等产业蓬勃兴起，板上发电、板下种植的光伏＋生态治理模式成效显著。截至目前，全县沙产业年产值突破 10 亿元，完成生态治理面积 80 多万亩，打造出"防沙治沙＋沙产业"的沙漠样本，为加快沙区生态治理和县域经济发展注入强劲动力。

我国荒漠化防治的主要进展与成效

我国的荒漠化防治历程，经过早期全民动员向沙漠进军、中期重大工程带动发展，到当前全域治理、综合治理、系统治理等 3 个阶段的发展演变，顶层设计逐步完善，技术标准逐步增强，体制机制逐步健全，走出了一条符合自然规律、符合国情地情的中国特色防沙治沙道路。

法律制度逐步完善，重大工程筑牢根基。法律层面，早在 2001 年，我国就制定出台《中华人民共和国防沙治沙法》，也是世界上第一个将防沙治沙纳入法律的国家。从防沙治沙规划、土地沙化的预防、沙化土地的治理等方面作出具体规定。此外，还有《中华人民共和国草原法》《中华人民共和国森林法》《中华人民共和国土地管理法》《中华人民共和国水土保持法》《中华人民共和国水法》《中华人民共和国环境保护法》等与荒漠化防治相关的单行法。政策层面，相继印发《国务院关于进一步加强防沙治沙工作的决定》《全国防沙治沙规划（2021—2030年）》《生态保护和修复支撑体系重大工程建设规划（2021—2035年）》《创建全国防沙治沙综合示范区实施方案》等多项政策文件，开展荒漠化和沙化土地监测，实施"三北"防护林体系建设等一批重点生态工程，沙区生态状况呈现整体好转、改善加速态势。

治理技术综合集成，标准规范逐步健全。一方面，依托科技创新，形成了以围栏封育为主的自然植被恢复技术和以飞播造林、原生植被建植、土壤改良等为主的人工植被恢复技术。通过这些技术的集成与创新，涌现了一批典型治理模式，如极端干旱区的和田模式、阿克苏模式；干旱区的沙坡头模式、库布齐模式；半干旱区的右玉模式、塞罕坝模式；还有高寒特殊生境的玛曲模式、若尔盖模式等。另一方面，制定印发《荒漠化区域生态质量评价技术规范》，将荒漠化相关内容纳入生态保护监管的顶层设计。据不完全统计，荒漠化防治领域现行的国家标准有10余项，林业行业标准13项，广泛应用于问题识别、监测预警、防治技术等方面，有效地提高了防沙治沙工程建设的效益。

体制机制不断完善，资金保障逐步夯实。在机构组建方面，成立中阿干旱、荒漠化和土地退化国际研究中心，中国防治荒漠化协调小组，共建防治荒漠化国际培训中心、国际荒漠化防治知识管理中心等相关机构，推动科研、技术和履约能力。在责任落实方面，与防沙治沙任务重的 13 个省份签订《"十四五"防沙治沙目标责任书》，强化省级政府主体责任。在资金保障方面，将荒漠化防治分别列入中央和地方预算。制定印发《关于财政支持"三北"工程建设的意见》，用于支持巩固防沙治沙成果、沙化土地封禁保护补偿以及"产业生态化、生态产业化"示范等。据不完全统计，我国启动包括"三北"防护林体系建设等 16 项投资巨大、影响深远的生态工程，截至 2015 年，这 16 项工程在约 620 万平方千米的土地上投资了 3 700 多亿美元。

持续推进荒漠化综合防治要重点把握的三个方面

2023 年 6 月，习近平总书记在内蒙古巴彦淖尔主持召开加强荒漠化综合防治和推进"三北"等重点生态工程建设座谈会上指出，我国荒漠化防治和防沙治沙工作形势依然严峻。要充分认识防沙治沙工作的长期性、艰巨性、反复性和不确定性。新时期，持续推进荒漠化防治要重点把握好三个方面。

把握好自然恢复和人工修复的关系。充分发挥荒漠生态系统的自我修复能力，综合运用自然恢复和人工修复两种手段，在编制生态保护修复规划、确定防沙治沙工程过程中，因地因时制宜、分区分类施策，努力找到荒漠化综合防治的最佳解决方案，实现防沙治沙工程效益的最大化。对于荒漠化问题突出的区域，以自然恢复为主，宜林则林、宜草则草、宜沙则沙、宜荒则荒；对于生态系统受损严重、依靠自身难以恢复的区域，施以科学的人工干预，为自然恢复创造条件。

把握好重点攻坚与系统治理的关系。深入践行习近平生态文明思想，统筹山水林田湖草沙系统治理，更加注重保护和治理的系统性、整体性、协同性，全力打好黄河"几字弯"攻坚战，科尔沁、浑善达克两大沙地歼灭战以及河西走廊—塔克拉玛干沙漠边缘阻击战，筑牢祖国北疆的万里绿色长城。充分借助卫星遥感、无人机等监测技术，加强荒漠化防治监管，逐步开展山水林田湖草沙一体化保护修复工程和北方防沙带等重大工程成效评估，不断提高防沙治沙综合效益。

把握好生态保护与经济发展的关系。牢固树立和践行绿水青山就是金山银山理念，不断拓展生态产品价值实现路径，努力实现生态、生产、生活共赢共促。统筹好当前与长远、公益与利益、发展与民生的关系，不断发展壮大林沙草产业，提高社会各界参与防沙治沙的积极性和可持续性。因地制宜培育沙区绿色食品、生物制药、生态旅游等产业，适度发展绿色生态沙产业，加强风光电、设施农业等沙区特色资源的高效集约化开发利用，为区域高质量发展注入强劲动力。